高等工科院校"十二五"规划教材

公差配合与检测技术基础

● 苏德胜　闫芳　主编　● 孟庆东　主审

GONGCHA PEIHE YU
JIANCE JISHU JICHU

U0390957

化学工业出版社

·北京·

本书系统地论述了互换性与技术测量的基本知识，介绍了我国公差与配合方面的新标准，阐述了技术测量的基本原理，反映了一些新的测试技术。共有 10 章内容，包括绪论，孔、轴结合的公差与配合，测量技术基础，几何公差与检测，表面粗糙度与检测，光滑极限量规的作用与设计，圆锥和角度公差与检测，普通螺纹连接的公差与检测，常用结合件的公差与检测，渐开线圆柱齿轮传动公差与检测。

　　本书以贯彻国家最新标准为主线，在讲清楚基础理论的同时，特别加强了实际应用及工程实例的介绍。各章后附有本章小结、思考题与练习，供读者复习和巩固知识。

　　本书可作为高等院校机械类各专业"互换性与技术测量（互换性与测量技术基础）"课教材，也可作为职工大学以及函授大学机械类各专业的教材，亦可供机械制造工程技术人员及计量、检验人员参考。

图书在版编目（CIP）数据

公差配合与检测技术基础/苏德胜，闫芳主编. —北京：
化学工业出版社，2014.9
高等工科院校"十二五"规划教材
ISBN 978-7-122-21523-9

Ⅰ.①公… Ⅱ.①苏… ②闫… Ⅲ.①公差-配合-高等
学校-教材 ②技术测量-高等学校-教材 Ⅳ.①TG801

中国版本图书馆 CIP 数据核字（2014）第 175114 号

责任编辑：刘俊之　王清颢　　　　　　　　　装帧设计：韩　飞
责任校对：陶燕华

出版发行：化学工业出版社（北京市东城区青年湖南街 13 号　邮政编码 100011）
印　　装：大厂聚鑫印刷有限责任公司
787mm×1092mm　1/16　印张 10¾　字数 265 千字　2014 年 11 月北京第 1 版第 1 次印刷

购书咨询：010-64518888（传真：010-64519686）　　售后服务：010-64518899
网　　址：http://www.cip.com.cn
凡购买本书，如有缺损质量问题，本社销售中心负责调换。

定　　价：25.00 元　　　　　　　　　　　　　　　　版权所有　违者必究

公差配合与检测技术基础

主　编　苏德胜　　闫　芳

副主编　杨东亮　　段俊勇

参　编　刘　斌　杨　枫

主　审　孟庆东

前　言

　　"公差配合与检测技术"是高等工科院校机械类各专业重要的主干技术基础课。它包含几何量公差与误差检测两方面的内容，把标准化和计量学两个领域的有关部分有机地结合在一起，与机械设计、机械制造、质量控制等多方面密切相关，是机械工程技术人员和管理人员必备的基本知识和技能，在生产中具有广泛的实用性。

　　本教材是根据全国高校机械专业教学指导委员会审批的教材教学大纲编写的。书中采用最新国家标准，重点讲清基本概念和标准的应用，列举了较多的选用实例；误差的检测紧跟在相应的公差标准之后，有助于对公差概念的理解；较全面地介绍了几何量各种误差检测方法的原理，而把不便在课堂上讲授的具体仪器的结构、操作步骤留给实验指导书介绍，既使学生对几何量检测的全貌有所了解，又使教材内容精练、重点突出；书中吸收了许多学校的教学经验和成果，并融入了编者在教学实践中积累的经验。

　　本教材具有以下特点。

　　（1）理论适度，以够用为准则。做到理论联系实际，学以致用。

　　（2）讲授公差配合在典型表面上的具体应用。各章独立，脉络清晰，读者可以根据需要进行取舍。

　　（3）本书以贯彻国家最新标准为主线，在讲清楚基础理论的同时，特别加强了实际应用及工程实例的介绍。

　　（4）由于近年来各校对"互换性与测量技术基础"课程教学内容改革的情况不同，本教材为扩大适用面，按40～50学时编写，在使用中可根据具体情况进行取舍。

　　（5）为了方便教与学，还编制了与本书同步的电子课件（见 www.cipedu.com.cn）。

　　（6）各章后附有本章小结、思考题与练习，供读者复习和巩固知识。

　　（7）为了教与学的需要，并方便学生进行课程设计（或大型作业）和毕业设计，在本书附录中收录了"新旧国家标准对照表"。

　　本书可作为高等院校机械类各专业"互换性与技术测量（互换性与测量技术基础）"课教材，也可作为职工大学以及函授大学机械类各专业的教材，亦可供机械制造工程技术人员及计量、检验人员参考。

　　参加本书编写的人员（以姓氏笔画排序）及分工如下：

　　烟台南山学院闫芳（第1、2、3章及第1～5章的电子课件设计）；

　　济宁技师学院刘斌（第7章）；

　　青岛科技大学苏德胜（前言、第5、6章及第6～10章的电子课件设计）；

　　济宁技师学院杨东亮（第4、9章）；

　　杨枫（附录及书中大部分图表的设计绘制）；

青岛科技大学段俊勇（第8、10章）。

本书由苏德胜和闫芳任主编，并统稿；杨东亮和段俊勇任副主编。由青岛科技大学孟庆东教授担任主审，他对书稿提出了许多宝贵的修改意见。

本书在编写出版过程中得到了化学工业出版社及各参编者所在学校的大力支持与协助。在编写过程中借鉴、引用了许多同类教材中的资料、图表或题例。谨此一并对上述单位和个人表示衷心感谢。

限于编者水平，书中难免存在不妥之处，恳请广大读者批评指正。

编者

2014 年 6 月

目 录

第1章　　绪　论 ———————————————————— 1

1.1　互换性的概述 ……………………………………… 1

1.1.1　互换性 ………………………………………… 1

1.1.2　互换性的种类 ……………………………… 1

1.1.3　互换性的作用 ……………………………… 1

1.2　标准化与优先数系 ………………………………… 2

1.2.1　标准 …………………………………………… 2

1.2.2　标准的分类 …………………………………… 3

1.2.3　标准化 ………………………………………… 3

1.2.4　优先数和优先数系 ………………………… 3

1.3　本课程的特点和学习任务 ……………………… 4

1.3.1　本课程的特点 ……………………………… 5

1.3.2　本课程的任务 ……………………………… 5

本章小结 …………………………………………………… 5

思考题与练习 ……………………………………………… 6

第2章　　孔、轴结合的公差与配合 ——————— 7

2.1　公差与配合的基本术语及定义 ……………… 7

2.1.1　孔和轴 ………………………………………… 7

2.1.2　尺寸 …………………………………………… 8

2.1.3　偏差与公差 …………………………………… 9

2.1.4　配合与配合制 ……………………………… 11

2.2　公差与配合国家标准 ………………………… 14

2.2.1　标准公差系列 ……………………………… 14

2.2.2　基本偏差系列 ……………………………… 17

2.2.3　公差与配合在图样上的标注 …………… 22

2.2.4　一般、常用和优先的公差带与配合 …… 22

2.3　公差与配合的选择 …………………………… 25

2.3.1　基准制的选择 ……………………………… 25

2.3.2　公差等级选择 ……………………………… 26

2.3.3　配合的选择 ……………………………………………………… 27

2.3.4　一般公差 …………………………………………………………… 30

本章小结 …………………………………………………………………… 31

思考题与练习 ……………………………………………………………… 31

第3章　测量技术基础 ———————————————— 33

3.1　概述 …………………………………………………………………… 33

3.1.1　测量的定义 ……………………………………………………… 33

3.1.2　测量的四个要素 ………………………………………………… 33

3.1.3　检验和检定 ……………………………………………………… 34

3.2　测量基准和尺寸传递系统 …………………………………………… 34

3.2.1　长度基准 ………………………………………………………… 34

3.2.2　长度量值传递系统 ……………………………………………… 34

3.2.3　量块 ……………………………………………………………… 34

3.3　测量器具和测量方法的分类 ………………………………………… 38

3.3.1　测量器具的分类 ………………………………………………… 38

3.3.2　测量器具的度量指标 …………………………………………… 39

3.3.3　测量方法的分类 ………………………………………………… 40

3.4　测量误差及数据处理 ………………………………………………… 42

3.4.1　测量误差的含义及其表示方法 ………………………………… 42

3.4.2　测量误差产生的原因 …………………………………………… 43

3.4.3　测量误差的分类 ………………………………………………… 43

3.4.4　测量精度 ………………………………………………………… 44

3.4.5　随机误差的特性与处理 ………………………………………… 45

本章小结 …………………………………………………………………… 48

思考题与练习 ……………………………………………………………… 48

第4章　几何公差与检测 ———————————————— 49

4.1　基本概念 ……………………………………………………………… 49

4.1.1　几何要素 ………………………………………………………… 49

4.1.2　几何公差的特征、符号 ………………………………………… 50

4.2　几何公差的标注 ……………………………………………………… 51

4.2.1　公差框格与基准的标注 ………………………………………… 51

4.2.2　几何公差的一些特殊标注方法 ………………………………… 53

4.3　形位公差 ……………………………………………………………… 53

4.3.1　形状公差与公差带 ……………………………………………… 53

4.3.2　形状或位置公差与公差带 ……………………………………… 55

4.3.3　位置公差与公差带 ……………………………………………… 56

4.4　公差原则 ……………………………………………………………… 59

4.4.1　有关定义、符号 ………………………………………………… 59

　　4.4.2　独立原则 ·· 60

　　4.4.3　相关原则 ·· 61

　4.5　形位公差的选用 ·· 64

　　4.5.1　形位公差项目的选择 ·· 64

　　4.5.2　公差原则的选择 ·· 64

　　4.5.3　形位公差值的选择 ·· 64

　　4.5.4　未注形位公差值的规定 ·· 68

本章小结 ·· 69

思考题与练习 ·· 69

第5章　表面粗糙度与检测 ————————— 72

　5.1　概述 ·· 72

　　5.1.1　表面粗糙度定义 ·· 72

　　5.1.2　表面粗糙度对零件性能的影响 ·· 73

　5.2　表面粗糙度的评定 ·· 73

　　5.2.1　基本术语 ·· 74

　　5.2.2　几何参数 ·· 75

　5.3　表面粗糙度轮廓的设计 ·· 77

　　5.3.1　表面粗糙度轮廓的参数数值 ·· 77

　　5.3.2　表面粗糙度的选用 ·· 78

　5.4　表面粗糙度轮廓符号、代号及其标注 ·· 80

　　5.4.1　表面粗糙度轮廓的符号及含义 ·· 80

　　5.4.2　表面粗糙度的标注 ·· 81

　　5.4.3　表面粗糙度的标注实例 ·· 82

　5.5　表面粗糙度的检测 ·· 82

本章小结 ·· 84

思考题与练习 ·· 85

第6章　光滑极限量规的作用与设计 ————————— 86

　6.1　光滑极限量规概述 ·· 86

　　6.1.1　光滑极限量规的概念 ·· 86

　　6.1.2　光滑极限量规的用途 ·· 86

　　6.1.3　光滑极限量规的种类 ·· 87

　6.2　光滑极限量规的设计 ·· 88

　　6.2.1　光滑极限量规的设计原理 ·· 88

　　6.2.2　光滑极限量规的公差带 ·· 89

　　6.2.3　工作量规的设计步骤 ·· 90

本章小结 ·· 93

思考题与练习 ·· 94

第7章　圆锥和角度公差与检测 ———————————— 95

7.1 概述 ……………………………………………………… 95
  7.1.1 圆锥配合的特点 …………………………………… 95
  7.1.2 圆锥配合的基本几何参数 ………………………… 96
  7.1.3 锥度与锥角系列 …………………………………… 97
7.2 圆锥公差 ………………………………………………… 98
  7.2.1 圆锥公差项目 ……………………………………… 98
  7.2.2 圆锥公差的给定方法 ……………………………… 102
  7.2.3 圆锥公差的标注 …………………………………… 102
  7.2.4 圆锥公差的选用 …………………………………… 103
7.3 角度与角度公差 ………………………………………… 104
  7.3.1 基本概念 …………………………………………… 104
  7.3.2 棱体的角度与斜度系列 …………………………… 105
  7.3.3 角度公差 …………………………………………… 107
  7.3.4 未注公差角度的极限偏差 ………………………… 107
7.4 角度和锥度的检测 ……………………………………… 107
  7.4.1 相对检测法 ………………………………………… 107
  7.4.2 绝对测量法 ………………………………………… 109
  7.4.3 间接检测法 ………………………………………… 110
本章小结 …………………………………………………… 111
思考题与练习 ……………………………………………… 111

第8章　普通螺纹连接的公差与检测 ———————————— 113

8.1 普通螺纹公差配合概述 ………………………………… 113
8.2 螺纹几何参数偏差对互换性的影响 …………………… 114
  8.2.1 螺纹基本牙型及其几何参数 ……………………… 114
  8.2.2 公差原则对螺纹几何参数的应用 ………………… 117
8.3 普通螺纹的公差与配合 ………………………………… 119
  8.3.1 普通螺纹的公差带 ………………………………… 119
  8.3.2 螺纹公差带的选用 ………………………………… 121
  8.3.3 普通螺纹的标记 …………………………………… 123
8.4 螺纹的检测 ……………………………………………… 123
  8.4.1 综合检验 …………………………………………… 123
  8.4.2 单项测量 …………………………………………… 124
本章小结 …………………………………………………… 126
思考题与练习 ……………………………………………… 126

第9章　常用结合件的公差与检测 ———————————— 127

9.1 单键的公差与检测 ……………………………………… 127

9.1.1　平键连接的几何参数 ··· 127

9.1.2　平键连接的公差与配合 ··· 129

9.1.3　平键连接的形位公差及表面粗糙度 ··································· 129

9.1.4　平键的检测 ·· 130

9.1.5　应用举例 ·· 131

9.2　花键的公差与检测 ··· 131

9.2.1　矩形花键的主要尺寸 ··· 131

9.2.2　矩形花键连接 ··· 133

9.2.3　矩形花键连接公差配合的选用与标注 ··································· 134

9.2.4　矩形花键的表面粗糙度 ··· 135

9.2.5　矩形花键的检测 ··· 135

9.3　滚动轴承的公差与配合 ··· 136

9.3.1　滚动轴承的组成与特点 ··· 136

9.3.2　滚动轴承公差配合概述 ··· 136

9.3.3　滚动轴承精度等级及选用 ··· 137

9.3.4　滚动轴承与轴和外壳孔的配合 ··· 138

9.3.5　轴颈和外壳孔的形位公差与表面粗糙度 ····························· 142

9.3.6　滚动轴承配合选择实例 ··· 144

本章小结 ·· 145

思考题与练习 ·· 145

第10章　渐开线圆柱齿轮传动公差与检测 ──────── 147

10.1　对齿轮传动的基本要求 ··· 147

10.2　单个齿轮的评定指标及其检测 ··· 148

10.2.1　影响运动准确性的项目（第Ⅰ公差组） ··························· 148

10.2.2　影响传动平稳性的项目（第Ⅱ公差组） ··························· 150

10.2.3　影响载荷分布均匀性的误差 ··· 152

10.2.4　影响齿轮副侧隙的加工误差 ··· 152

10.3　齿轮副的评定指标及其检测 ··· 153

10.3.1　齿轮副的装配误差 ··· 153

10.3.2　评定齿轮副精度的误差项目 ··· 153

10.4　渐开线圆柱齿轮精度标准 ··· 154

10.4.1　齿轮的精度等级及其选择 ··· 154

10.4.2　齿轮副侧隙 ··· 156

10.4.3　其他技术要求 ··· 157

10.4.4　齿轮精度的标注 ··· 157

10.4.5　齿轮零件图的标注 ··· 157

本章小结 ·· 158

思考题与练习 ·· 158

附录　新旧国家标准对照表 ·· 159

参考文献 ·· 162

第 **1** 章

绪　论

1.1　互换性的概述

1.1.1　互换性

互换性是指事物之间可以相互替代的可能性。在机械制造业中，互换性是指在同一规格的一批零件或部件中任取一件，不经任何选择、修配或调整，就能装在机器或仪器上，并能满足原定使用功能要求的特性。这样的零部件称为具有互换性的零部件。

互换性现象在工业及日常生活中到处都能遇到。比如，机械或仪器上面掉了一个螺钉，换上个同规格的新螺钉就行了；汽车、拖拉机、自行车等产品中某个机件磨损了，换上一个新的依旧完好如初；手机的后壳摔坏了，换上一个同型号的手机后壳，手机还可以继续使用。这些体现了互换性是重要的生产原则和有效技术措施，它在工业品、电子产品、军工产品等各生产部门都广泛采用。

机器和仪器制造业中的互换性，通常包括零件几何参数（如尺寸、形状、相互位置、表面粗糙度）间的互换和力学性能（如硬度、强度）间的互换。本课程仅讨论几何参数的互换性。

1.1.2　互换性的种类

在实际生产中，根据互换性的程度可分为完全互换（又称绝对互换）与不完全互换（有限互换）。

完全互换：如果零件在装配或更换时，不需要选择、辅助加工或修配，则称其互换性为完全互换性。

不完全互换：用测量器具将加工好的零件按实际尺寸大小分为若干组，使每组零件间实际尺寸的差别减小，装配时按相应组进行（例如，大孔与大轴装配，小孔与小轴装配）。

1.1.3　互换性的作用

在设计方面，由于许多零件都具有互换性，尤其是采用了较多的标准零件和部件（螺钉、销钉、滚动轴承等），这就使许多零件不必重新设计，从而大大减少了计算机与绘图的工作量，简化了设计程序，缩短了设计周期。

在制造方面，互换性有利于组织专业化生产，有利于采用先进工艺和高效率的专用设备，有利于用计算机辅助制造，有利于实现加工过程和装配过程机械化、自动化，从而可以提高劳动生产率和产品质量，降低生产成本。

在使用和维修方面，零部件具有互换性，可及时更换已经磨损或损坏的零部件，以减少机器的维修时间和费用，保证机器的使用效率。

总之，互换性在提高劳动生产率、保证产品质量和降低生产成本等方面具有重大的意义。互换性原则已成为现代制造业中的重要生产手段和有效的技术措施。

要使工件几何参数达到互换性，最理想的情况是同规格的零、部件其几何参数完全一致。但零部件在加工过程中，由于种种因素的影响，将不可避免地产生加工误差，因而实际生产中只要求制成零件的实际参数值在规定范围内变动，保证零件充分近似即可，就能满足互换的目的。

这个允许的变动范围叫做"公差"。设计时要规定公差。因为加工时会产生误差，因此要使零件具有互换性，就应把零件的误差控制在规定的公差范围内，设计者的任务就在于正确地规定公差，并把它在图样上明确地表示出来。这就是说，互换性要用公差来保证。显然，在满足功能要求的条件下，公差应尽量规定得大些，以获得最佳的技术经济效益。

为了实现互换性生产，对各种公差要求还必须具有统一的术语、协调的数据和正确的标注方式，使从事机械设计或加工人员具有共同的技术语言和依据，因此必须制定公差标准。公差标准是对零件的公差和相互配合所制定的技术基础标准。

有了公差标准，同时要有相应的检测技术措施来保证检测实际几何参数是否合格，从而保证零部件的互换性。在检测过程中必须保证计量基准和单位的统一，这就需要规定严格的尺寸传递系统，从而保证计量单位的统一。因此，制定和贯彻公差标准，合理进行几何精度设计，采用相应的检测技术措施是实现互换性的必要条件。

1.2　标准化与优先数系

随着现代工业生产的专业化和全球经济一体化的发展趋势，制造业之间的相互协作与配合早已冲破国界，逐步形成世界范围内的专业分工和生产协作。现代工业生产的特点是规模大、品种多、分工细、协作单位多和互换性要求高。一种机械产品的制造往往涉及许多部门和企业。为了适应生产中各部门和企业之间技术上相互协调、生产环节之间相互衔接的要求，必须使独立的、分散的生产部门和生产环节之间保持必要的技术统一，以实现互换性生产。标准与标准化正是联系这种关系的主要途径和手段，标准化是互换性生产的基础。通过标准化可以使产品规格品种简化，使不同的生产部门和生产环节相互衔接和统一。

1.2.1　标准

所谓标准，是指为了取得国民经济的最佳效果，对需要协调统一的具有重复特性的物品（如产品、零部件等）和概念（如术语、规则、方法、代号、量值等），在总结科学试验和生产实践的基础上，由有关方面协调制订，经主管部门批准后，在一定范围内作为活动的共同准则和依据。

1.2.2 标准的分类

标准可以从不同的角度进行分类。标准按性质可分为技术标准和管理标准。按作用范围可将其分为国际标准、区域标准、国家标准、专业标准、地方标准和企业标准。按标准在标准系统中的地位、作用把它们分为基础标准和一般标准。按照标准化对象的特性,标准可分为基础标准、产品标准、方法标准、安全标准、卫生标准等。基础标准是指在一定范围内作为其他基准的基础并普遍使用、具有广泛指导意义的标准,如公差与配合标准、形状和位置公差标准等。

1.2.3 标准化

所谓标准化,是指标准的制订、发布和贯彻实施的全部活动过程,包括从调查标准化对象开始,经试验、分析和综合归纳,进而制订和贯彻标准,以后还要修订标准等。标准化是以标准的形式体现的,也是一个不断循环、不断提高的过程。

标准化可以简化多余的产品品种,促进科学技术转化为生产力,确保互换性,确保安全和健康,保护消费者利益,消除贸易壁垒。此外,标准化可以在节约原材料、减少浪费、信息交流、提高产品可靠性等方面发挥作用。在现代工业社会化的生产中,标准化是实现互换性的基础。

为全面保证零部件的互换性,不仅要合理的确定零件制造公差,还必须对影响生产质量的各个环节、阶段及有关方面实现标准化。诸如技术参数及数值系列(如尺寸公差)的标准化;工艺装备及工艺规程的标准化;计量单位及检测规定等的标准化。可见,在机械制造业中,任何零部件要使其具有互换性,都必须实现标准化,没有标准化,就没有互换性。

1.2.4 优先数和优先数系

为了保证互换性,必须合理地确定零件公差,公差数值标准化的理论基础,即为优先数系和优先数。

在设计机械产品和制定标准时,产品的性能参数、尺寸规格参数等都要通过数值表达,而这些数值在生产过程中又是相互关联的。例如动力机械的功率和转速值确定后,不仅会传播到有关机器的相应参数上,而且必然会传播到其本身的轴、轴承、键、齿轮、联轴节等一整套零部件的尺寸和材料特性参数上,并进而传播到加工和检验这些零部件用的刀具、量具、夹具及机床等的相应参数上。这种技术参数的传播性,在生产实际中是极为普遍的现象,并且跨越行业和部门的界限。工程技术上的参数数值,即使是很小的差别,经过反复传播,也会造成尺寸规格的繁多杂乱,以致给组织生产、协作配套以及使用维修等带来很大的困难。因此,对于各种技术参数,必须加以协调和统一。

优先数系和优先数就是对各种技术参数的数值进行协调、简化和统一的一种科学的数值标准。

国家标准 GB/T 321—2005《优先数和优先数系》规定的优先数系是指公比为 $\sqrt[5]{10}$,$\sqrt[10]{10}$,$\sqrt[20]{10}$,$\sqrt[40]{10}$ 和 $\sqrt[80]{10}$,且项值中含有 10 的整数幂的理论等比数列导出的一组近似等比的数列。各数列分别用符号 R5、R10、R20、R40 和 R80 表示,称为 R5 系列、R10 系列、R20 系列、R40 系列和 R80 系列。

由上述可知，优先数系的五个系列的公比都是无理数，在工程技术上不能直接应用，而实际应用的是理论公比经过化整后的近似值，各系列的公比如下。

R5 系列　　　　　　　　　　$q_5 = \sqrt[5]{10} \approx 1.6$

R10 系列　　　　　　　　　　$q_{10} = \sqrt[10]{10} \approx 1.26$

R20 系列　　　　　　　　　　$q_{20} = \sqrt[20]{10} \approx 1.12$

R40 系列　　　　　　　　　　$q_{40} = \sqrt[40]{10} \approx 1.06$

R80 系列　　　　　　　　　　$q_{80} = \sqrt[80]{10} \approx 1.03$

R5、R10、R20、R40 是常用系列，称为基本系列。而 R80 则作为补充系列。R5 系列的项值包含在 R10 系列中，R10 的项值包含在 R20 之中，R20 的项值包含在 R40 之中，R40 的项值包含在 R80 之中。优先数系的基本系列如表 1-1 所示。

表 1-1　优先数系的基本系列（常用值）（摘自 GB/T 321—2005）

R5	1.00			1.60		2.50		4.00		6.30		10.00
R10	1.00	1.25		1.60	2.00	2.50	3.15	4.00	5.00	6.30	8.00	10.00
R20	1.00	1.12	1.25	1.40	1.60	1.80	2.00	2.24	2.50	2.80	3.15	
	3.55	4.00	4.50	5.00	5.60	6.30	7.10	8.00	9.00	10.00		
R40	1.00	1.06	1.12	1.18	1.25	1.32	1.40	1.50	1.60	1.70	1.80	
	1.90	2.00	2.12	2.24	2.36	2.50	2.65	2.80	3.00	3.15	3.35	
	3.55	3.75	4.00	4.25	4.50	4.75	5.30	5.60	6.00	6.30		
	6.70	7.10	7.50	8.00	8.50	9.00	9.50	10.00				

优先数的主要优点是：相邻两项的相对差均匀，疏密适中，而且运算方便，简单易记。在同一系列中，优先数（理论值）的积、商、整数（正或负）的乘方等仍为优先数。因此，优先数得到了广泛的应用。

另外，为了使优先数系有更大的适应性来满足生产，可从基本系列中每隔几项选取一个优先数，组成新的系列，即派生系列。例如经常使用的派生系列 R10/3，就是从基本系列 R10 中每逢三项取出一个优先数组成的，当首项为 1 时，R10/3 系列为 1.00、2.00、4.00、8.00、16.00、…其公比 $q_{10/3} = (\sqrt[10]{10})^3 \approx 2$。

优先数系的应用很广，适用于各种尺寸、参数的系列化和质量指标的分级，对保证各种工业产品品种、规格的合理简化分档和协调具有重大的意义。选用基本系列时，应遵循先疏后密的原则，即应当按照 R5、R10、R20、R40 的顺序，优先采用公比较大的基本系列，以免规格太多。当基本系列不能满足分级要求时，可选用派生系列。选用时应优先采用公比较大和延伸项含有 1 的派生系列。

1.3　本课程的特点和学习任务

本课程是机械类各专业及相关专业的一门重要的技术基础课，是联系设计课程和工艺课程的纽带，是从基础课学习过渡到专业课学习的桥梁。

本课程是从"精度"和"误差"两方面去分析研究机械零件及机构的几何参数的。设计任何一台机器，除了进行运动分析、结构设计、强度及刚度计算之外，还要进行精度设计。这是因为机器的精度直接影响到机器的工作性能、振动、噪声和寿命等，而且科技越发达，对机械精度的要求越高，对互换性的要求也越高，机械加工就越困难，这就必须处理好机器的使用要求与制造工艺之间的矛盾。因此，随着机械工业的发展，本课程的重要性越来越显得突出。

1.3.1　本课程的特点

因为课程术语定义多，符号代号多，标准规定多，经验解法多，所以，刚学完系统性较强的理论基础课的学生，往往感到概念难记，内容繁多。而且，从标准规定上看，原则性强，从工程应用上看，灵活性大，这对初学者来说，较难掌握。但是正像任何东西都离不开主体，任何事物都有它的主要矛盾一样，本课程尽管概念较多，涉及面广，但各部分内容都是围绕着保证互换性为主的精度设计问题，来介绍各种典型零件几何精度的设计方法，论述各种零件的检测规定的，所以，在学习中应注意及时总结归纳，找出它们之间的关系和联系。学生要认真的完成作业，认真做实验和写实验报告，实验课是本课程验证基本知识、训练基本技能、理论联系实际的重要环节。

1.3.2　本课程的任务

学生在学习本课程的时候，应具有一定的理论知识和生产实践知识，即能读图、制图。了解机械加工的一般知识和常用机构原理，学生在学完本课程后应达到下列要求。

（1）掌握标准化和互换性的基本概念及有关的基本术语和定义。

（2）了解本课程所介绍的各个公差标准和基本内容，掌握其特点和应用原则。

（3）初步学会根据机器和零件的使用要求，正确选用合适的公差和配合。

（4）初步具备对常见的公差要求能在图样上正确标注和解释的能力。

（5）了解各种典型零件的测量方法，学会使用常用的计量器具。

总之，本课程的任务是使学生获得机械工程师必须掌握的机械精度设计和检测方面的基本知识和基本技能。此外，在后续课程，例如机械零件设计、工艺设计、毕业设计中，学生都应正确、完整地把本课程中学到的知识应用到工程实际中去。

 本章小结

本章主要讲述互换性原理，围绕标准、标准化和技术测量来学习误差与公差的关系。互换性是现代化大工业生产的基础，而国家标准是现代化大工业生产的依据，技术测量则是工业生产的保证。互换性作为一根主线贯穿本书的所有章节。本章的重点是互换意义以及互换性、公差、测量技术和标准化之间的关系。读者应了解 GB/T 321—2005《优先数和优先数系》的有关规定。

思考题与练习

1-1 什么叫互换性？互换性分哪几类？

1-2 互换性的优越性有哪些？实现互换性的条件是什么？

1-3 试举例说明互换性在日常生活中的应用实例。

1-4 写出下列派生系列：R10/2、R10/5、R5/3、R20/3。

第 2 章

孔、轴结合的公差与配合

机械行业在国民经济中占有举足轻重的地位，而孔、轴配合是机械制造中最广泛的一种配合，它对机械产品的使用性能和寿命有很大的影响，所以说孔、轴配合是机械工程当中重要的基础标准，它不仅适用于圆柱形孔、轴的配合，也适用于由单一尺寸确定的配合表面的配合。例如键结合中键与槽宽，花键结合中的外径、内径及键与槽宽等。为了保证互换性，统一设计、制造、检验、使用和维修，特制定孔、轴结合的公差与配合的国家标准。

"公差"主要反映机器零件使用要求与制造要求的矛盾；而"配合"则反映组成机器的零件之间的关系。公差与配合的标准化有利于机器的设计、制造、使用和维修。公差与配合标准不仅是机械工业各部门进行产品设计、工艺设计和制定其他标准的基础，而且是广泛组织协作和专业化生产的重要依据。公差与配合标准几乎涉及国民经济的各个部门，因此，国际上公认它是特别重要的基础标准之一。

为便于国际交流和采用国家标准的需要，我国颁布了一系列的国家标准，并对旧标准不断修订。新修订的公差与配合标准由以下几部分组成：新标准为 GB/T 1800.1—2009《产品几何技术规范（GPS）极限与配合 第 1 部分：公差、偏差和配合的基础》、GB/T 1800.2—2009《产品几何技术规范（GPS）极限与配合 第 2 部分：标准公差等级和孔、轴的极限偏差表》、GB/T 1801—2009《产品几何技术规范（GPS）极限与配合 公差带和配合的选择》、GB/T 1803—2003《极限与配合 尺寸至 18mm 孔、轴公差带》、GB/T 1804—2000《一般公差 未注公差的线性和角度尺寸的公差》。本章主要阐述公差与配合国家标准的构成规律和特性。

2.1 公差与配合的基本术语及定义

2.1.1 孔和轴

（1）孔

工件各种形状的内表面，包括圆柱形内表面和其他由单一尺寸形成的非圆柱形包容面。

（2）轴

工件各种形状的外表面，包括圆柱形外表面和其他由单一尺寸形成的非圆柱形被包容面。

在公差与配合中，孔和轴的关系表现为包容和被包容的关系，即孔是包容面，轴为被包容面。从广义的方面看，孔和轴既可以是圆柱形的，也可以是非圆柱形的。图 2-1 中由标注尺寸 D_1，D_2，…，D_6 所确定的部分皆为孔，而由 d_1，d_2，…，d_4 所确定的部分皆为轴。

在加工过程中，随着余量的切除，孔的尺寸由小变大，轴的尺寸则由大变小。

公差与配合的基本术语及定义中规定了孔和轴，例如，键连接的配合表面为由单一尺寸形成的内、外表面，即键宽表面为轴，孔槽和轴槽宽表面皆为孔。这样，键连接的公差与配合可直接应用公差与配合国家标准。

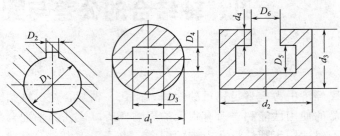

图 2-1　孔与轴的示意

2.1.2　尺寸

（1）尺寸

用特定单位表示线性尺寸值的数值。如直径、长度、宽度、高度、深度等都是尺寸。

（2）基本尺寸

根据使用要求，通过计算和结构方面的考虑，或根据实验和经验而确定的，一般应按标准尺寸选取，以减少定值刀具、量具和夹具的规格数量。

孔用 D、轴用 d 表示。

（3）实际尺寸

通过测量所得的尺寸称为实际尺寸。由于存在测量误差，实际尺寸并非被测尺寸的真值。如孔的尺寸 $\phi20.985\text{mm}$，测量误差在 $\pm0.001\text{mm}$ 以内，实测尺寸的真值将在 $\phi20.984\sim\phi20.986\text{mm}$ 之间。真值是客观存在的，但不确定，即实际尺寸的随机性。因此，只能以测得尺寸作为实际尺寸。但由于形状误差等影响，零件同一表面不同部位的实际尺寸往往是不相等的。

孔用 D_a、轴用 d_a 表示。

（4）作用尺寸

① 孔的作用尺寸　即在配合面全长上，与实际孔内接的最大理想轴的尺寸。

② 轴的作用尺寸　即在配合面全长上，与实际轴外接的最小理想孔的尺寸。

任何孔，轴都有不同程度的形状误差。如图 2-2 所示，弯曲孔的作用尺寸小于该孔的实际尺寸，弯曲轴的作用尺寸大于该轴的实际尺寸。若工件没有形状误差，则其作用尺寸等于实际尺寸。

为了保证配合要求，应对实际尺寸与作用尺寸的变动范围加以限制。

（5）极限尺寸

允许尺寸变化的两个界限值称为极限值。两个界限值中较大的一个称为最大极限尺寸，较小的一个称为最小极限尺寸。孔和轴的最大、最小极限尺寸分别为 D_{max}、D_{min}；d_{max}、d_{min}，如图 2-3 所示。

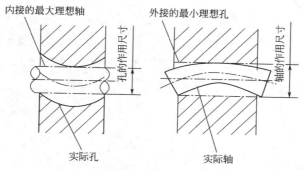

图 2-2　孔和轴的作用尺寸

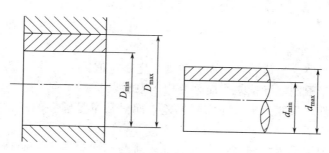

图 2-3　极限尺寸

2.1.3　偏差与公差

（1）尺寸偏差

某一尺寸（极限尺寸、实际尺寸）减去基本尺寸所得的代数差即为尺寸偏差（简称偏差）。

（2）极限偏差

极限偏差包括上偏差和下偏差，如图 2-4 所示。

① 上偏差　最大极限尺寸减去基本尺寸所得的代数差称上偏差。孔的上偏差用 ES 表示，轴的上偏差用 es 表示。

② 下偏差　最小极限尺寸减去基本尺寸所得的代数差称下偏差。孔的下偏差用 EI 表示，轴的下偏差用 ei 表示。

孔和轴的上偏差、下偏差用公式表示为

$$ES = D_{max} - D；\qquad EI = D_{min} - d$$
$$es = d_{max} - d；\qquad ei = d_{min} - d$$

（3）实际偏差

实际尺寸减去基本尺寸所得的代数差称为实际偏差。实际偏差应位于极限偏差范围之内。由于极限尺寸可以大于、等于或小于基本尺寸，所以偏差可以为正、零或负值。偏差值除零外，应标上相应的"＋"号或"－"号。极限偏差用于控制实际偏差。

孔用 E_a、轴用 e_a 表示。

（4）尺寸公差

尺寸公差为最大极限尺寸与最小极限尺寸之差，或上偏差与下偏差之差，如图 2-4 所示。它是允许尺寸的变化量，尺寸公差是一个没有符号的绝对值。

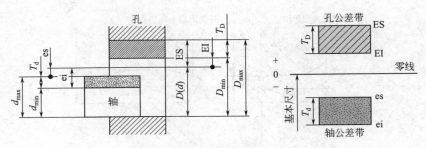

图 2-4　尺寸、偏差与公差

孔和轴的公差分别用 T_D 和 T_d 表示。公差、极限尺寸及偏差的关系如下：

$$T_D = \mid D_{\max} - D_{\min} \mid = \mid ES - EI \mid$$

$$T_d = \mid d_{\max} - d_{\min} \mid = \mid es - ei \mid$$

公差与偏差的比较如下。

① 偏差可以是正值、负值、零，而公差则一定是正值。

② 极限偏差用于限制实际偏差，而公差用于限制误差。

③ 对于单个零件，只能测出尺寸实际偏差，而对数量足够多的一批零件，才能确定尺寸误差。

④ 偏差取决于加工机床的调整，不反应加工难易，而公差表示制造精度，反应加工难易程度。

⑤ 极限偏差主要反应公差带位置，影响配合松紧程度，而公差反应公差带大小，影响配合精度。

（5）零线与公差带

① 公差带图　公差及偏差的数值与尺寸数值相比，由于差别甚大，不能用同一比例表示，故采用公差与配合图解，简称公差带图，如图 2-4 所示。

② 零线　在公差带图中，表示基本尺寸的一条直线称为零线，以其为基准确定偏差和公差。正偏差位于零线的上方，负偏差位于零线的下方。

③ 尺寸公差带　在公差带图中，由代表上、下偏差的两条直线限定的一个区域，称尺寸公差带，如图 2-4 所示。公差带有两个基本参数，即公差带大小与公差带位置。公差带大小由标准公差确定，公差带位置由基本偏差确定。

④ 基本偏差　标准中规定的，用以确定公差带相对于零线位置的上偏差或下偏差，称为基本偏差，一般为靠近零线或位于零线的那个极限偏差（图 2-5）。

⑤ 标准公差　标准中规定的，用以确定公差带大小的任一公差，称为标准公差。

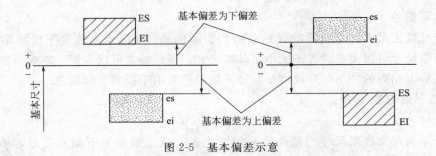

图 2-5　基本偏差示意

【例 2-1】已知孔 $\phi 40^{+0.025}_{0}$ mm，轴 $\phi 40^{-0.009}_{-0.025}$ mm，求孔与轴的极限偏差与公差。

解：孔的上偏差 $ES=D_{max}-D=(40.025-40)mm=+0.025mm$

孔的下偏差 $EI=D_{min}-D=(40-40)mm=0$

轴的上偏差 $es=d_{max}-d=(39.991-40)mm=-0.009mm$

轴的下偏差 $ei=d_{min}-d=(39.975-40)mm=-0.025mm$

孔公差 $T_D=|D_{max}-D_{min}|=|40.025-40|mm=0.025mm$

轴公差 $T_d=|d_{max}-d_{min}|=|39.991-39.975|mm=0.016mm$

2.1.4　配合与配合制

（1）配合

基本尺寸相同的，相互结合的孔和轴公差带之间的关系。根据孔和轴公差带之间的不同关系，配合可分为间隙配合、过盈配合和过渡配合三大类，如图 2-6 所示。

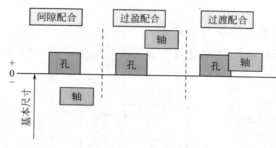

图 2-6　配合种类

（2）间隙或过盈

孔的尺寸减去相配合的轴的尺寸所得的代数差，差值为正时，称为间隙，用 X 表示；差值为负时，称为过盈，用 Y 表示。

（3）间隙配合

具有间隙（包括最小间隙等于零）的配合称为间隙配合。此时，孔的公差带在轴的公差带之上，如图 2-7 所示。

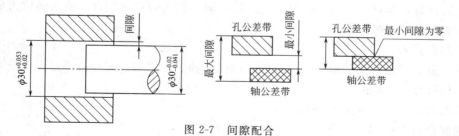

图 2-7　间隙配合

间隙配合的性质用最大间隙 X_{max}、最小间隙 X_{min} 和平均间隙 X_{av} 表示：

$$X_{max}=D_{max}-d_{min}=ES-ei$$

$$X_{min}=D_{min}-d_{max}=EI-es$$

$$X_{av}=(X_{max}+X_{min})/2$$

（4）过盈配合

具有过盈（包括最小过盈等于零）的配合称为过盈配合。此时，孔的公差带在轴的公差带之下，如图 2-8 所示。

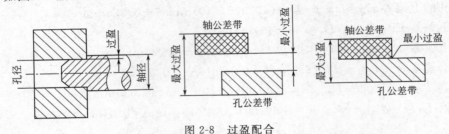

图 2-8 过盈配合

过盈配合的性质用最大过盈 Y_{max}、最小过盈 Y_{min} 和平均过盈 Y_{av} 表示：

$$Y_{min} = D_{min} - d_{max} = EI - es$$
$$Y_{min} = D_{max} - d_{min} = ES - ei$$
$$Y_{av} = (Y_{max} + Y_{min})/2$$

（5）过渡配合

可能具有间隙或过盈的配合称为过渡配合。此时，孔的公差带与轴的公差带相互交叠，如图 2-9 所示。它是介于间隙配合和过盈配合之间的一类配合，但其间隙或过盈都不大。

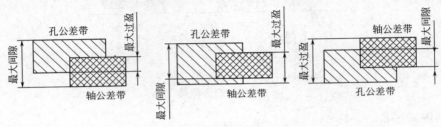

图 2-9 过渡配合

过渡配合的性质用最大间隙 X_{max}、最大过盈 Y_{max} 和平均间隙 X_{av} 或平均过盈 Y_{av} 表示：

$$X_{max} = D_{max} - d_{min} = ES - ei$$
$$Y_{max} = D_{min} - d_{max} = EI - es$$
$$X_{av}（或 Y_{av}）= (X_{max} + Y_{max})/2$$

按上式计算，所得的值为正时是平均间隙，表示偏松的过渡配合；所得的值为负时是平均过盈，表示偏紧的过渡配合。

（6）配合公差

允许间隙或过盈的变动量，是组成配合的孔、轴公差之和。配合公差是一个没有正负的绝对值，用符号 T_f 表示。

$$\left. \begin{aligned} &间隙配合：T_f = |\,X_{max} - X_{min}\,| \\ &过盈配合：T_f = |\,Y_{min} - Y_{max}\,| \\ &过渡配合：T_f = |\,X_{max} - Y_{max}\,| \end{aligned} \right\} = T_D + T_d$$

配合公差的大小反映了配合精度的高低，对一具体的配合，配合公差越大，配合时形成的间隙或过盈的变化量就越大，配合后松紧变化程度就越大，配合精度就越低。反之，配合精度高。因此，要想提高配合精度，就要减小孔、轴的尺寸公差。

【例 2-2】孔 $\phi 50^{+0.039}_{0}$mm，轴 $\phi 50^{-0.025}_{-0.050}$mm，求 X_{max}、X_{min} 及 T_f。

解：
$$X_{max} = D_{max} - d_{min} = (50.039 - 49.950)mm = 0.089mm$$
$$X_{min} = D_{min} - d_{max} = (50 - 49.975)mm = 0.025mm$$

$$T_f = \mid X_{max} - X_{min} \mid = \mid 0.089 - 0.025 \mid mm = 0.064mm$$

【例 2-3】孔 $\phi 50^{+0.039}_{0}$ mm，轴 $\phi 50^{+0.079}_{+0.054}$ mm，求 Y_{max}、Y_{min} 及 T_f：

解：
$$Y_{max} = D_{min} - d_{max} = (50 - 50.079)mm = -0.079mm$$
$$Y_{min} = D_{max} - d_{min} = (50.039 - 50.054)mm = -0.015mm$$
$$T_f = \mid Y_{min} - Y_{max} \mid = \mid -0.015 - (-0.079) \mid mm = 0.064mm$$

【例 2-4】孔 $\phi 50^{+0.039}_{0}$ mm，轴 $\phi 50^{+0.034}_{+0.009}$ mm，求 X_{max}、Y_{max} 及 T_f。

解：
$$X_{max} = D_{max} - d_{min} = (50.039 - 50.009)mm = 0.030mm$$
$$Y_{max} = D_{min} - d_{max} = (50 - 50.034)mm = -0.034mm$$
$$T_f = \mid X_{max} - Y_{max} \mid = \mid 0.30 - (-0.034) \mid mm = 0.064mm$$

【例 2-5】画出例 2-2、例 2-3、例 2-4 的公差带图。

解：例 2-2、例 2-3、例 2-4 的公差带图如图 2-10 所示。

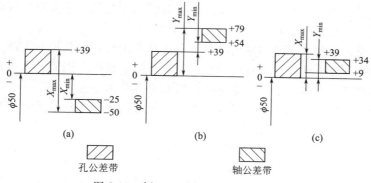

图 2-10　例 2-2～例 2-4 的公差带图

（7）配合制

GB/T 1800.1—2009 对配合规定两种配合制，即基孔制配合、基轴制配合。配合制是同一极限制的孔和轴组成配合的一种制度，亦称基准制。

① 基孔制配合　基孔制是指基本偏差为一定的孔的公差带，与不同基本偏差的轴的公差带形成各种配合的一种制度，如图 2-11（a）所示。基孔制配合的孔为基准孔，其代号为 H，它是配合的基准件，而轴是非基准件。

② 基轴制配合　基轴制是指基本偏差为一定的轴的公差带，与不同基本偏差的孔的公差带形成各种配合的一种制度，如图 2-11（b）所示。基轴制配合的轴为基准轴，其代号为 h，它是配合的基准件，而孔是非基准件。

基孔制配合和基轴制配合是规定配合系列的基础。按照孔、轴公差带相对位置的不同，基孔制和基轴制都有间隙配合、过渡配合和过盈配合三类配合。

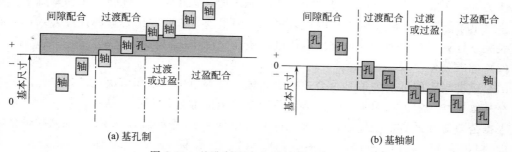

图 2-11　基孔制配合和基轴制配合公差带

综上所述，各种配合是由孔、轴公差带之间的关系决定的，而公差带的大小和位置又分别由标准公差和基本偏差决定。标准公差和基本偏差的制定及如何构成系列将在下一节中详细介绍。

2.2 公差与配合国家标准

为了实现互换性生产，公差与配合必须标准化。国家标准是按标准公差系列（公差带大小或公差数值）标准化和基本偏差系列（公差带位置）标准化的原则制定的。

2.2.1 标准公差系列

标准公差是国标规定的用以确定公差带大小的任一公差值。下面阐述构成规则及特征。

（1）公差单位（公差因子）

生产实践表明，对基本尺寸相同的零件，可按公差大小评定其尺寸定制精度的高低，但对基本尺寸不同的零件，就不能仅看公差大小评定其制造精度。因此，为了评定零件精度等级或公差等级的高低，合理规定公差数值，就需要建立公差单位。

公差单位是计算标准公差的基本单位，是制订标准公差系列的基础，公差单位与基本尺寸之间呈一定的相关关系，如图 2-12 所示。

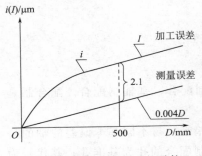

图 2-12　标准公差因子与零件尺寸的关系

① 对基本尺寸≤500mm 时，公差单位 i（μm）按下式计算

$$i = 0.45\sqrt[3]{D} + 0.001D$$

式中　D——基本尺寸分段的计算尺寸，mm。

在公差单位公式中包括两项：第一项主要反映加工误差，根据生产实际经验和统计分析，它是因呈抛物线的变化等引起的测量误差。

当直径很小时，第二项所占比重很小；当直径较大时，公差单位随直径的增加而加快，公差值相应增加。

② 对基本尺寸大于 500～3150mm 范围时，公差单位 I（μm）应按下式计算

$$I = 0.004D + 2.1$$

对大尺寸而言，与直径成正比的误差因素，其影响增长很快，特别是温度变化的影响大，而温度变化引起的误差随直径的加大呈线性关系。所以，国标规定的大尺寸公差单位采用线性关系。实践证明，当基本尺寸大于 3150mm 时，以 $I = 0.004D + 2.1$ 为基础来计算标准公差，也不能完全反映实际出现的误差规律，但目前尚未确定出合理的计算公式，只能暂按直线关系计算，更合理的计算公式有待进一步在生产中加以总结。

（2）标准公差等级

国家标准规定的标准公差是由公差等级系数和公差单位的乘积值决定的。

在基本尺寸一定的情况下，公差等级系数是决定标准公差大小的唯一参数。

根据公差等级系数的不同，国标规定标准公差分为 20 个等级，以 IT 后加阿拉伯数字表示，即 IT01、IT0、IT1、IT2、…、IT18。IT 表示标准公差，即国标公差（ISO

Tolerance）的编写代号。如 IT8 表示标准公差 8 级或 8 级标准公差。从 IT01 到 IT18，等级依次降低，而相应的标准公差值依次增大。

在基本尺寸 ≤500mm 的常用尺寸范围内，各级标准公差的计算公式如表 2-1 所示。从 IT5 开始，以下各级，都按公差单位与公差等级系数的乘积来计算。自 IT6 以下，各级的公差等级系数按 R5 优先数系增加，公比为 $\sqrt[5]{10} \approx 1.6$，即每增加 5 个等级，公差值增加 10 倍。对于 IT01、IT0 及 IT1 等更高的公差等级，主要考虑测量误差，公差单位宜采用线性关系式。IT2、IT3 及 IT4 三个等级，公差值大约在 IT1～IT5 数值之间，近似呈几何级数，公比为 $(IT5/IT1)^{1/4}$。

表 2-1　基本尺寸 ≤500mm 的各级标准公差的计算公式

公差等级	公式	公差等级	公式	公差等级	公式
IT01	$0.3+0.008D$	IT5	$7i$	IT12	$160i$
IT0	$0.5+0.012D$	IT6	$10i$	IT13	$250i$
IT1	$0.8+0.020D$	IT7	$16i$	IT14	$400i$
IT2	$(IT1)\left(\dfrac{IT5}{IT1}\right)^{1/4}$	IT8	$25i$	IT15	$640i$
		IT9	$40i$	IT16	$1000i$
IT3	$(IT1)\left(\dfrac{IT5}{IT1}\right)^{1/2}$	IT10	$64i$	IT17	$1600i$
IT4	$(IT1)\left(\dfrac{IT5}{IT1}\right)^{3/4}$	IT11	$100i$	IT18	$2500i$

在基本尺寸大于 500～3150mm 的大尺寸范围内，国家标准也规定了 20 个等级，各级标准公差的计算公式列于表 2-2 中。

表 2-2　基本尺寸 >500～3150mm 的各级标准公差的计算公式

标准公差等级	计算公式	标准公差等级	计算公式	标准公差等级	计算公式
IT01	$1I$	IT6	$10I$	IT13	$250I$
IT0	$2^{1/2}I$	IT7	$16I$	IT14	$400I$
IT1	$2I$	IT8	$25I$	IT15	$640I$
IT2	$(IT1)(IT5/IT1)^{1/4}$	IT9	$40I$	IT16	$1000I$
IT3	$(IT1)(IT5/IT1)^{1/2}$	IT10	$64I$	IT17	$1600I$
IT4	$(IT1)(IT5/IT1)^{3/4}$	IT11	$100I$	IT18	$2500I$
IT5	$7I$	IT12	$160I$		

在国家标准各个公差等级之间，公差分布的规律性较强，故便于向高、低等级方向延伸，必要时，还可插入中间等级。

（3）基本尺寸分段

根据标准公差计算公式，每一个基本尺寸都对应一个公差值，这会使公差表格非常庞大。为了简化公差与配合的表格，便于应用，国家标准对基本尺寸进行了分段。对同一尺寸段内的所有基本尺寸都规定同样的标准公差因子。在同一尺寸段内，按首尾两个尺寸（D_1 和 D_2）的几何平均值作为 D 值（$D=\sqrt{D_1 \times D_2}$）来计算公差值。例如，大于 30～50mm

的尺寸段，其几何平均值为 $D = \sqrt{D_1 \times D_2} = \sqrt{30 \times 50}\,\text{mm} = 38.78\text{mm}$。常用尺寸（$\leqslant 500\text{mm}$ 的尺寸）分为 13 个尺寸段，见表 2-3，这样的尺寸段叫主段落。标准将主段落又分成 2 个中间段落，对过盈或者间隙比较敏感的一些配合，使用分段比较密的中间段落。

表 2-3　基本尺寸分段　　　　　　　　　　　　　　　单位：mm

主段落		中间段落		主段落		中间段落	
大于	至	大于	至	大于	至	大于	至
—	3	无细分段		250	315	250 280	280 315
3	6			315	400	315 355	355 400
6	10						
10	18	10 14	14 18	400	500	400 450	450 500
18	30	18 24	24 30	500	630	500 560	560 630
30	50	30 40	40 50	630	800	630 710	710 800
50	80	50 65	65 80	800	1000	800 900	900 1000
80	120	80 100	100 120	1000	1250	1000 1120	1120 1250
120	180	120 140 160	140 160 180	1250	1600	1250 1400	1400 1600
				1600	2000	1600 1800	1800 2000
180	250	180 200 225	200 225 250	2000	2500	2000 2240	2240 2500
				2500	3150	2500 2800	2800 3150

　　按几何平均值计算出的公差数值，再经尾数化整，即得出标准公差数值。由标准公差数值构成的表格为标准公差数值表，如表 2-4 所示。

表 2-4　标准公差数值表

基本尺寸 /mm	公差等级																	
	IT01	IT0	IT1	IT2	IT3	IT4	IT5	IT6	IT7	IT8	IT9	IT10	IT11	IT12	IT13	IT14	IT15	IT16	IT17	IT18
	/μm														/mm					
$\leqslant 3$	0.3	0.5	0.8	1.2	2	3	4	6	10	14	25	40	60	100	0.14	0.25	0.40	0.60	1.0	1.4
$>3\sim6$	0.4	0.6	1	1.5	2.5	4	5	8	12	18	30	48	75	120	0.18	0.30	0.48	0.75	1.2	1.8
$>6\sim10$	0.4	0.6	1	1.5	2.5	4	6	9	15	22	36	58	90	150	0.22	0.36	0.58	0.90	1.5	2.2
$>10\sim18$	0.5	0.8	1.2	2	3	5	8	11	18	27	43	70	110	180	0.27	0.43	0.70	1.10	1.8	2.7

续表

基本尺寸 /mm	公差等级																			
	IT01	IT0	IT1	IT2	IT3	IT4	IT5	IT6	IT7	IT8	IT9	IT10	IT11	IT12	IT13	IT14	IT15	IT16	IT17	IT18
	/μm														/mm					
>18~30	0.6	1	1.5	2.5	4	6	9	13	21	33	52	84	130	210	0.33	0.52	0.84	1.30	2.1	3.3
>30~50	0.6	1	1.5	2.5	4	7	11	16	25	39	62	100	160	250	0.39	0.62	1.00	1.60	2.5	3.9
>50~80	0.8	1.2	2	3	5	8	13	19	30	46	74	120	190	300	0.46	0.74	1.20	1.90	3.0	4.6
>80~120	1	1.5	2.5	4	6	10	15	22	35	54	87	140	220	350	0.54	0.87	1.40	2.20	3.5	5.4
>120~180	1.2	2	3.5	5	8	12	18	25	40	63	100	160	250	400	0.63	1.00	1.60	2.50	4.0	6.3
>180~250	2	3	4.5	7	10	14	20	29	46	72	115	185	290	460	0.72	1.15	1.85	2.90	4.6	7.2
>250~315	2.5	4	6	8	12	16	23	32	52	81	130	210	320	520	0.81	1.30	2.10	3.20	5.2	8.1
>315~400	3	5	7	9	13	18	25	36	57	89	140	230	360	570	0.89	1.40	2.30	3.60	5.7	8.9
>400~500	4	6	8	10	15	20	27	40	63	97	155	250	400	630	0.97	1.55	2.50	4.00	6.3	9.7
>500~630	4.5	6	9	11	16	22	32	44	70	110	175	280	440	700	1.10	1.75	2.8	4.4	7.0	11.0
>630~800	5	7	10	13	18	25	36	50	80	125	200	320	500	800	1.25	2.0	3.2	5.0	8.0	12.5
>800~1000	5.5	8	11	15	21	28	40	56	90	140	230	360	560	900	1.40	2.3	3.6	5.6	9.0	14.0
>1000~1250	6.5	9	13	18	24	33	47	66	105	165	260	420	660	1050	1.65	2.6	4.2	6.6	10.5	16.5
>1250~1600	8	11	15	21	29	39	55	78	125	195	310	500	780	1250	1.95	3.1	5.0	7.8	12.5	19.5
>1600~2000	9	13	18	25	35	46	65	92	150	230	370	600	920	1500	2.30	3.7	6.0	9.2	15.0	23.0
>2000~2500	11	15	22	30	41	55	78	110	175	280	440	700	1100	1750	2.80	4.4	7.0	11.0	17.5	28.0
>2500~3150	13	18	26	36	50	68	96	135	210	330	540	860	1350	2100	3.30	5.4	8.6	13.5	21.0	33.0
>3150~4000	16	23	33	45	60	84	115	165	260	410	660	1050	1650	2600	4.10	6.6	10.5	16.5	26.0	41.0
>4000~5000	20	28	40	55	74	100	140	200	320	500	800	1300	2000	3200	5.0	8.0	13.0	20.0	32.0	50.0
>5000~6300	25	35	49	67	92	125	170	250	400	620	980	1550	2500	4000	6.20	9.8	15.5	25.0	40.0	62.0
>6300~8000	31	43	62	84	115	155	215	310	490	760	1200	1950	3100	4900	7.60	12.0	19.5	31.0	40.0	76.0
>8000~10000	33	53	76	105	140	195	270	380	600	940	1500	2400	3800	6000	9.40	15.0	24.0	38.0	60.0	94.0

注：基本尺寸小于 1mm 时，无 IT14 至 IT18。

2.2.2　基本偏差系列

（1）基本偏差

基本偏差是确定零件公差带相对零线位置的上偏差或下偏差。它是公差带位置标准化的唯一标准。除 JS 和 js 以外，均指靠近零线的偏差，它与公差等级无关。而 JS 和 js，公差带对称零线分布，其基本偏差是上偏差或下偏差，它与公差等级有关。

（2）基本偏差代号

如图 2-13 所示为基本偏差系列。基本偏差的代号用拉丁字母表示，大写代表孔、小写代表轴。在 26 个字母中，除去易与其他混淆的五个字母：I、L、O、Q、W（i、l、o、q、w），再加上七个用两个字母表示的代号（CD、EF、FG、JS、ZA、ZB、ZC 和 cd、ef、fg、js、za、zb、zc），共有 28 个代号，即孔和轴共有 28 个基本偏差。其中 JS 和 js 在各个公差等级中相对零线是对完全对称的。JS、js 将逐渐代替近似对称的基本偏差 J 和 j。因此在国家标准中，孔仅留 J6、J7 和 J8，轴仅留 j5、j6、j7 和 j8。基本偏差代号如表 2-5 所示。

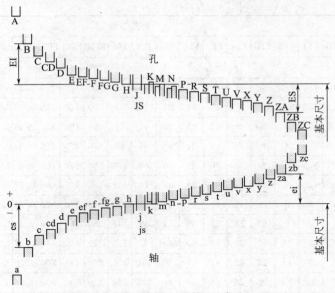

图 2-13 基本偏差系列

表 2-5 基本偏差代号

孔或轴		基本偏差	注
孔	下偏差	A、B、C、CD、D、E、EF、F、FG、G、H	H 代表下偏差为零的孔，即基准孔
	上偏差或下偏差	$JS=\pm\dfrac{IT}{2}$	
	上偏差	J、K、M、N、P、R、S、T、U、V、X、Y、Z、ZA、ZB、ZC	
轴	上偏差	a、b、c、cd、d、e、ef、f、fg、g、h	h 代表上偏差为零的轴，即基准轴
	上偏差或下偏差	$js=\pm\dfrac{IT}{2}$	
	下偏差	j、k、m、n、p、r、s、t、u、v、x、y、z、za、zb、zc	

对于轴：a～h 的基本偏差为上偏差 es，其绝对值依次减小；j～zc 的基本偏差为下偏差 ei，其绝对值逐渐增大。

对于孔：A～H 的基本偏差为下偏差 EI，其绝对值依次减小；J～ZC 的基本偏差为上偏差 ES，其绝对值逐渐增大。H 和 h 的基本偏差为零。

在图 2-13 中，基本偏差系列各公差带只画出一端，另一端未画出，因为它取决于公差带的大小。

（3）轴的基本偏差的确定

轴的基本偏差数值是以基孔制配合为基础，根据各种配合性质经过理论计算、实验和统计分析得到的。

当轴的基本偏差确定后，轴的另一个偏差（上偏差或下偏差）可根据下列公式计算：

$$es = ei + IT$$

或

$$ei = es - IT$$

（4）孔的基本偏差的确定

对于基本尺寸≤500mm 的孔的基本偏差是根据轴的基本偏差换算得出的。

换算原则是：在孔、轴同级配合或孔比轴低一级的配合中，基轴制配合中孔的基本偏差代号与基孔制配合中轴的基本偏差代号相当（例如 $\phi40F8/h8$ 中孔的基本偏差 F 对应 $\phi40F8/h8$ 中轴的基本偏差 h），其基本偏差的对应关系，应保证按基轴制形成的配合与按基孔制形成的配合性质相同。

根据上述原则，孔的基本偏差可以按下面两种规则计算。

① 通用规则　通用规则是指同一个字母表示的孔、轴的基本偏差绝对值相等，符号相反。孔的基本偏差与轴的基本偏差关于零线对称，相当于轴基本偏差关于零线的倒影，所以又叫倒影规则。即

$$EI = -es$$
$$ES = -ei$$

通用原则适用于以下情况。

对于孔的基本偏差 A～H，不论孔、轴是否采用同级配合，都有 $EI = -es$。

对于 K～ZC 当中，标准公差大于 IT8 的 K、M、N 以及大于 IT7 的 P 到 ZC 一般都采用同级配合，按照该规则，则有 $ES = -ei$。但是有一个例外：基本尺寸大于 3mm，标准公差大于 IT8 的 N，它的基本偏差 $ES = 0$。

② 特殊规则　特殊规则是指孔的基本偏差和轴的基本偏差符号相反，绝对值相差一个 Δ 值。

在较高的公差等级中常采用异级配合（配合中孔的公差等级常比轴低一级），因为相同公差等级的孔比轴难加工。对于基本尺寸≤500mm，标准公差≥IT8 的 J、K、M、N 和标准公差≤IT7 的 P～ZC，孔的基本偏差 ES 适用特殊规则。即

$$ES = -ei + \Delta$$
$$\Delta = IT_n - IT_{n-1}$$

式中　IT_n——某一级孔的标准公差；

IT_{n-1}——比某一级孔高一级的轴的标准公差。

特殊规则适用于以下情况。

基本尺寸≤500mm，标准公差≤IT8 的 J、K、M、N 和标准公差≤IT7 的 P～ZC。孔的另一个偏差（上偏差或下偏差），根据孔的基本偏差和标准公差，按以下公式计算

$$A \sim H \qquad ES = EI + IT$$
$$J \sim ZC \qquad EI = ES - IT$$

按照轴的基本偏差计算公式和孔的基本偏差换算原则，国家标准列出轴、孔基本偏差数值表，见表 2-6 和表 2-7。在孔、轴基本偏差数值表中查找基本偏差时，不要忘记查找表中的修正值"Δ"。

【例 2-6】试用查表法确定 $\phi25H8/p8$、$\phi25P8/h8$ 孔和轴的极限偏差，并画出公差带图。

解：查表 2-4 得：

$$IT8 = 33\mu m$$

轴的基本偏差为下偏差，查表 2-6 得：

$$ei = +22\mu m$$

轴 p8 的上偏差为：

$$es = ei + IT8 = +22 + 33 = +55\mu m$$

表 2-6　基本尺寸≤500mm 轴的基本偏差

单位：μm

说明：**上偏差 es**（a–js，均为"所有的级"）；**下偏差 ei**（j–zc）。**公差等级**适用于 j、k 两列。js 列偏差等于 ±IT/2。

基本尺寸/mm 大于	至	a①	b①	c	cd	d	e	ef	f	fg	g	h	js②	j (5,6)	j (7)	j (8)	k (4~7)	k (≤3,>7)	m	n	p	r	s	t	u	v	x	y	z	za	zb	zc
—	3	-270	-140	-60	-34	-20	-14	-10	-6	-4	-2	0	±IT/2	-2	-4	-6	0	0	+2	+4	+6	+10	+14	—	+18	—	+20	—	+26	+32	+40	+60
3	6	-270	-140	-70	-46	-30	-20	-14	-8	-6	-4	0	±IT/2	-2	-4		+1	0	+4	+8	+12	+15	+19	—	+23	—	+28	—	+35	+42	+50	+80
6	10	-280	-150	-80	-56	-40	-25	-18	-13	-8	-5	0	±IT/2	-2	-5		+1	0	+6	+10	+15	+19	+23	—	+28	—	+34	—	+42	+52	+67	+97
10	14	-290	-150	-95		-50	-32		-16		-6	0	±IT/2	-3	-6		+1	0	+7	+12	+18	+23	+28	—	+33	—	+40	—	+50	+64	+90	+130
14	18	-290	-150	-95		-50	-32		-16		-6	0	±IT/2	-3	-6		+1	0	+7	+12	+18	+23	+28	—	+33	+39	+45	—	+60	+77	+108	+150
18	24	-300	-160	-110		-65	-40		-20		-7	0	±IT/2	-4	-8		+2	0	+8	+15	+22	+28	+35	—	+41	+47	+54	+63	+73	+90	+136	+188
24	30	-300	-160	-110		-65	-40		-20		-7	0	±IT/2	-4	-8		+2	0	+8	+15	+22	+28	+35	+41	+48	+55	+64	+75	+88	+118	+160	+218
30	40	-310	-170	-120		-80	-50		-25		-9	0	±IT/2	-5	-10		+2	0	+9	+17	+26	+34	+43	+48	+60	+68	+80	+94	+112	+148	+200	+274
40	50	-320	-180	-130		-80	-50		-25		-9	0	±IT/2	-5	-10		+2	0	+9	+17	+26	+34	+43	+54	+70	+81	+97	+114	+136	+180	+242	+325
50	65	-340	-190	-140		-100	-60		-30		-10	0	±IT/2	-7	-12		+2	0	+11	+20	+32	+41	+53	+66	+87	+102	+122	+144	+172	+226	+300	+405
65	80	-360	-200	-150		-100	-60		-30		-10	0	±IT/2	-7	-12		+2	0	+11	+20	+32	+43	+59	+75	+102	+120	+146	+174	+210	+274	+360	+480
80	100	-380	-220	-170		-120	-72		-36		-12	0	±IT/2	-9	-15		+3	0	+13	+23	+37	+51	+71	+91	+124	+146	+178	+214	+258	+335	+445	+585
100	120	-410	-240	-180		-120	-72		-36		-12	0	±IT/2	-9	-15		+3	0	+13	+23	+37	+54	+79	+104	+144	+172	+210	+254	+310	+400	+525	+690
120	140	-460	-260	-200		-145	-85		-43		-14	0	±IT/2	-11	-18		+3	0	+15	+27	+43	+63	+92	+122	+170	+202	+248	+300	+365	+470	+620	+800
140	160	-520	-280	-210		-145	-85		-43		-14	0	±IT/2	-11	-18		+3	0	+15	+27	+43	+65	+100	+134	+190	+228	+280	+340	+415	+535	+700	+900
160	180	-580	-310	-230		-145	-85		-43		-14	0	±IT/2	-11	-18		+3	0	+15	+27	+43	+68	+108	+146	+210	+252	+310	+380	+465	+600	+780	+1000
180	200	-660	-340	-240		-170	-100		-50		-15	0	±IT/2	-13	-21		+4	0	+17	+31	+50	+77	+122	+166	+236	+284	+350	+425	+520	+670	+880	+1150
200	225	-740	-380	-260		-170	-100		-50		-15	0	±IT/2	-13	-21		+4	0	+17	+31	+50	+80	+130	+180	+258	+310	+385	+470	+575	+740	+960	+1250
225	250	-820	-420	-280		-170	-100		-50		-15	0	±IT/2	-13	-21		+4	0	+17	+31	+50	+84	+140	+196	+284	+340	+425	+520	+640	+820	+1050	+1350
250	280	-920	-480	-300		-190	-110		-56		-17	0	±IT/2	-16	-26		+4	0	+20	+34	+56	+94	+158	+218	+315	+385	+475	+575	+710	+920	+1200	+1550
280	315	-1050	-540	-330		-190	-110		-56		-17	0	±IT/2	-16	-26		+4	0	+20	+34	+56	+98	+170	+240	+350	+425	+525	+640	+790	+1000	+1300	+1700
315	355	-1200	-600	-360		-210	-125		-62		-18	0	±IT/2	-18	-28		+4	0	+21	+37	+62	+108	+190	+268	+390	+475	+590	+710	+900	+1150	+1500	+1900
355	400	-1350	-680	-400		-210	-125		-62		-18	0	±IT/2	-18	-28		+4	0	+21	+37	+62	+114	+208	+294	+435	+530	+660	+790	+1000	+1300	+1650	+2100
400	450	-1500	-760	-440		-230	-135		-68		-20	0	±IT/2	-20	-32		+5	0	+23	+40	+68	+126	+232	+330	+490	+595	+740	+900	+1100	+1450	+1850	+2400
450	500	-1650	-840	-480		-230	-135		-68		-20	0	±IT/2	-20	-32		+5	0	+23	+40	+68	+132	+252	+360	+540	+660	+820	+1000	+1250	+1600	+2100	+2600

① 1mm 以下各级 a 和 b 均不采用。

② js 的数值中，对 IT7 至 IT11，若 IT$_n$ 的数值为奇数，则取偏差 = (IT$_n$ - 1)/2。

表 2-7 基本尺寸≤500mm 孔的基本偏差

单位：μm

上偏差 EI 为"所有的级"；上偏差 ES：J 分 6/7/8 级，K、M、N 分 ≤8/>8 级，P 到 ZC 为 ≤7 级，P～ZC 为 >7 级；JS 偏差=±IT/2。Δ 按公差等级 3~8。

大于/mm	至/mm	A①	B①	C	CD	D	E	EF	F	FG	G	H	JS	J6	J7	J8	K≤8	K>8	M≤8	M>8	N≤8	N>8	P到ZC≤7	P>7	R	S	T	U	V	X	Y	Z	ZA	ZB	ZC	Δ3	Δ4	Δ5	Δ6	Δ7	Δ8
—	3	+270	+140	+60	+34	+20	+14	+10	+6	+4	+2	0	±IT/2	+2	+4	+6	0	0	−2	−2	−4	−4	在大于7级的相应数值上增加一个Δ值	−6	−10	−14	—	−18	—	−20	—	−26	−32	−40	−60						
3	6	+270	+140	+70	+46	+30	+20	+14	+10	+6	+4	0		+5	+6	+10	−1+Δ	0	−4+Δ	−4	−8+Δ	0		−12	−15	−19	—	−23	—	−28	—	−35	−42	−50	−80	1	1.5	1	3	4	6
6	10	+280	+150	+80	+56	+40	+25	+18	+13	+8	+5	0		+5	+8	+12	−1+Δ	0	−6+Δ	−6	−10+Δ	0		−15	−19	−23	—	−28	—	−34	—	−42	−52	−67	−97	1	1.5	2	3	6	7
10	14	+290	+150	+95	—	+50	+32	—	+16	—	+6	0		+6	+10	+15	−1+Δ	0	−7+Δ	−7	−12+Δ	0		−18	−23	−28	—	−33	—	−40	—	−50	−64	−90	−130	1	2	3	3	7	9
14	18	+290	+150	+95	—	+50	+32	—	+16	—	+6	0		+6	+10	+15	−1+Δ	0	−7+Δ	−7	−12+Δ	0		−18	−23	−28	—	−33	—	−45	—	−60	−77	−108	−150	1	2	3	3	7	9
18	24	+300	+160	+110	—	+65	+40	—	+20	—	+7	0		+8	+12	+20	−2+Δ	0	−8+Δ	−8	−15+Δ	0		−22	−28	−35	—	−41	−39	−54	−63	−73	−98	−136	−188	1.5	2	3	4	8	12
24	30	+300	+160	+110	—	+65	+40	—	+20	—	+7	0		+8	+12	+20	−2+Δ	0	−8+Δ	−8	−15+Δ	0		−22	−28	−35	−41	−48	−47	−64	−75	−88	−118	−160	−218	1.5	2	3	4	8	12
30	40	+310	+170	+120	—	+80	+50	—	+25	—	+9	0		+10	+14	+24	−2+Δ	0	−9+Δ	−9	−17+Δ	0		−26	−34	−43	−48	−60	−55	−80	−94	−112	−148	−200	−274	1.5	3	4	5	9	14
40	50	+320	+180	+130	—	+80	+50	—	+25	—	+9	0		+10	+14	+24	−2+Δ	0	−9+Δ	−9	−17+Δ	0		−26	−34	−43	−54	−70	−68	−97	−114	−136	−180	−242	−325	1.5	3	4	5	9	14
50	65	+340	+190	+140	—	+100	+60	—	+30	—	+10	0		+13	+18	+28	−2+Δ	0	−11+Δ	−11	−20+Δ	0		−32	−41	−53	−66	−87	−81	−122	−144	−172	−226	−300	−405	2	3	5	6	11	16
65	80	+360	+200	+150	—	+100	+60	—	+30	—	+10	0		+13	+18	+28	−2+Δ	0	−11+Δ	−11	−20+Δ	0		−32	−43	−59	−75	−102	−102	−146	−174	−210	−274	−360	−480	2	3	5	6	11	16
80	100	+380	+220	+170	—	+120	+72	—	+36	—	+12	0		+16	+22	+34	−3+Δ	0	−13+Δ	−13	−23+Δ	0		−37	−51	−71	−91	−124	−120	−178	−214	−258	−335	−445	−585	2	4	5	7	13	19
100	120	+410	+240	+180	—	+120	+72	—	+36	—	+12	0		+16	+22	+34	−3+Δ	0	−13+Δ	−13	−23+Δ	0		−37	−54	−79	−104	−144	−146	−210	−254	−310	−400	−525	−690	2	4	5	7	13	19
120	140	+460	+260	+200	—	+145	+85	—	+43	—	+14	0		+18	+26	+41	−3+Δ	0	−15+Δ	−15	−27+Δ	0		−43	−63	−92	−122	−170	−172	−248	−300	−365	−470	−620	−800	3	4	6	7	15	23
140	160	+520	+280	+210	—	+145	+85	—	+43	—	+14	0		+18	+26	+41	−3+Δ	0	−15+Δ	−15	−27+Δ	0		−43	−65	−100	−134	−190	−202	−280	−340	−415	−535	−700	−900	3	4	6	7	15	23
160	180	+580	+310	+230	—	+145	+85	—	+43	—	+14	0		+18	+26	+41	−3+Δ	0	−15+Δ	−15	−27+Δ	0		−43	−68	−108	−146	−210	−228	−310	−380	−465	−600	−780	−1000	3	4	6	7	15	23
180	200	+660	+340	+240	—	+170	+100	—	+50	—	+15	0		+22	+30	+47	−4+Δ	0	−17+Δ	−17	−31+Δ	0		−50	−77	−122	−166	−236	−252	−350	−425	−520	−670	−880	−1150	3	4	6	9	17	26
200	225	+740	+380	+260	—	+170	+100	—	+50	—	+15	0		+22	+30	+47	−4+Δ	0	−17+Δ	−17	−31+Δ	0		−50	−80	−130	−180	−258	−284	−385	−470	−575	−740	−960	−1250	3	4	6	9	17	26
225	250	+820	+420	+280	—	+170	+100	—	+50	—	+15	0		+22	+30	+47	−4+Δ	0	−17+Δ	−17	−31+Δ	0		−50	−84	−140	−196	−284	−310	−425	−520	−640	−820	−1050	−1350	3	4	6	9	17	26
250	280	+920	+480	+300	—	+190	+110	—	+56	—	+17	0		+25	+36	+55	−4+Δ	0	−20+Δ	−20	−34+Δ	0		−56	−94	−158	−218	−315	−340	−475	−580	−710	−920	−1200	−1550	4	4	7	9	20	29
280	315	+1050	+540	+330	—	+190	+110	—	+56	—	+17	0		+25	+36	+55	−4+Δ	0	−20+Δ	−20	−34+Δ	0		−56	−98	−170	−240	−350	−385	−525	−650	−790	−1000	−1300	−1700	4	4	7	9	20	29
315	355	+1200	+600	+360	—	+210	+125	—	+62	—	+18	0		+29	+39	+60	−4+Δ	0	−21+Δ	−21	−37+Δ	0		−62	−108	−190	−268	−390	−425	−590	−730	−900	−1150	−1500	−1900	4	5	7	11	21	32
355	400	+1350	+680	+400	—	+210	+125	—	+62	—	+18	0		+29	+39	+60	−4+Δ	0	−21+Δ	−21	−37+Δ	0		−62	−114	−208	−294	−435	−475	−660	−820	−1000	−1300	−1650	−2100	4	5	7	11	21	32
400	450	+1500	+760	+440	—	+230	+135	—	+68	—	+20	0		+33	+43	+66	−5+Δ	0	−23+Δ	−23	−40+Δ	0		−68	−126	−232	−330	−490	−530	−740	−920	−1100	−1450	−1850	−2400	5	5	7	13	23	34
450	500	+1650	+840	+480	—	+230	+135	—	+68	—	+20	0		+33	+43	+66	−5+Δ	0	−23+Δ	−23	−40+Δ	0		−68	−132	−252	−360	−540	−595	−820	−1000	−1250	−1600	−2100	−2600	5	5	7	13	23	34

① 1mm 以下，各级 A 和 B 级及大于 8 级的 N 均不采用。

② 标准公差≤IT8 的 K、M、N 及标准公差≤IT7 的 P～ZC 时，从表的右侧选取 Δ 值。
例：大于 18～30mm 的 P7，Δ=8，因此 ES=−14。

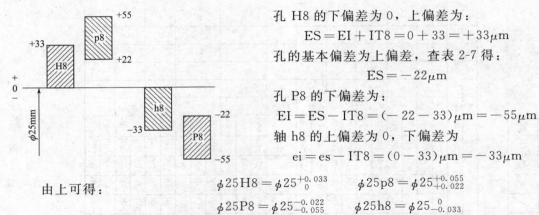

孔 H8 的下偏差为 0，上偏差为：

$$ES = EI + IT8 = 0 + 33 = +33\mu m$$

孔的基本偏差为上偏差，查表 2-7 得：

$$ES = -22\mu m$$

孔 P8 的下偏差为：

$$EI = ES - IT8 = (-22-33)\mu m = -55\mu m$$

轴 h8 的上偏差为 0，下偏差为

$$ei = es - IT8 = (0-33)\mu m = -33\mu m$$

由上可得：

$$\phi25H8 = \phi25^{+0.033}_{0} \qquad \phi25p8 = \phi25^{+0.055}_{+0.022}$$

$$\phi25P8 = \phi25^{-0.022}_{-0.055} \qquad \phi25h8 = \phi25^{0}_{-0.033}$$

孔和轴配合的公差带图如图所示。从左上图中看出，两对配合的最大间隙和最大过盈均相等，即配合性质相同。

2.2.3　公差与配合在图样上的标注

零件图上，一般有三种标注方法，如图 2-14 所示。

① 在基本尺寸后标注所要求的公差带，如 40H8、80P7、ϕ50g6。

② 在基本尺寸后标注所要求的公差带对应的偏差值，如 $\phi50^{+0.025}_{0}$

③ 在基本尺寸后标注所要求的公差带和对应的偏差值，如 100f7$\left(^{-0.036}_{-0.071}\right)$。

在装配图上，在基本尺寸后标注孔、轴公差带，如图 2-15 所示。国家标准规定孔、轴公差带写成分数形式，分子为孔公差带，分母为轴公差带，如 ϕ50H7/f6、$\phi50\dfrac{H7}{g6}$。

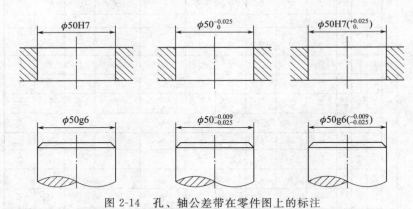

图 2-14　孔、轴公差带在零件图上的标注

2.2.4　一般、常用和优先的公差带与配合

国家标准提供了 20 种公差等级和 28 种基本偏差代号，其中基本偏差 j 限用于 4 个公差等级，基本偏差 J 限用于 3 个公差等级，由此可组成孔的公差带有 543 种、轴的公差带有 544 种。孔和轴又可以组成大量的配合，为减少定值刀具、量具和设备等的数目，对公差带和配合应该加以限制。

根据生产实际情况，国家标准对常用尺寸段推荐了孔、轴的一般、常用和优先公差带。

国标规定了一般、常用和优先轴用公差带共 119 种，见表 2-8。其中方框内的 59 种为常用公差带，圆圈内的 13 种为优先公差带。

　　同时，国标规定了一般、常用和优先孔用公差带共 105 种，见表 2-9。其中方框内的 44 种为常用公差带，圆圈内的 13 种为优先公差带。

　　国家标准在推荐了孔、轴公差带的基础上，还推荐了孔、轴公差带的组合。对于基孔制规定了 59 个常用配合，在常用配合中又规定了 13 个优先配合（表 2-10 中用黑体标示）。对于基轴制规定了 47 个常用配合，在常用配合中又规定了 13 个优先配合（表 2-11 中用黑体标示）。

　　表 2-10 中，当轴的公差小于或等于 IT7 时，是与低一级的基准孔配合，其余是与同级的基准孔配合。表 2-11 中，当孔的公差小于或等于 IT8 时，是与高一级的基准轴配合，其余是与同级的基准轴配合。

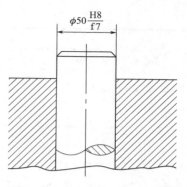

图 2-15　孔、轴公差带在装配图上的标注

表 2-8　基本尺寸≤500mm 轴的一般、常用和优先公差带

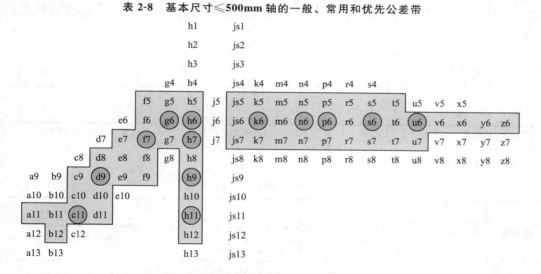

表 2-9　基本尺寸≤500mm 孔的一般、常用和优先公差带

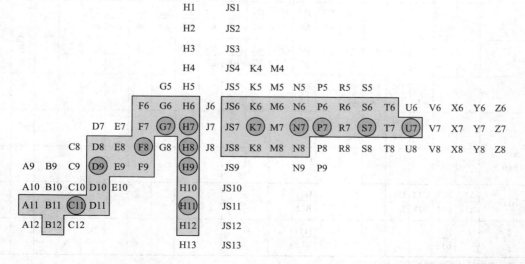

公差配合与检测技术基础

表 2-10　基孔制常用、优先配合

基准孔	轴																				
	a	b	c	d	e	f	g	h	js	k	m	n	p	r	s	t	u	v	x	y	z
	间隙配合								过渡配合				过盈配合								
H6						H6/f5	H6/g5	H6/h5	H6/js5	H6/k5	H6/m5	H6/n5	H6/p5	H6/r5	H6/s5	H6/t5					
H7						H7/f6	**H7/g6**	**H7/h6**	H7/js6	**H7/k6**	H7/m6	**H7/n6**	**H7/p6**	H7/r6	**H7/s6**	H7/t6	**H7/u6**	H7/v6	H7/x6	H7/y6	H7/z6
H8					H8/e7	**H8/f7**	H8/g7	**H8/h7**	H8/js7	H8/k7	H8/m7	H8/n7	H8/p7	H8/r7	H8/s7	H8/t7	H8/u7				
				H8/d8	H8/e8	H8/f8		H8/h8													
H9			H9/c9	**H9/d9**	H9/e9	H9/f9		**H9/h9**													
H10			H10/c10	H10/d10				H10/h10													
H11	H11/a11	H11/b11	**H11/c11**	H11/d11				**H11/h11**													
H12		H12/b12						H12/h12													

注：1. 基本尺寸小于或等于 3mm 的 H6/n5 与 H7/p6 为过渡配合，基本尺寸小于或等于 100mm 的 H8/r7 为过渡配合。

2. 表中黑体标注的配合为优先配合。

表 2-11　基轴制常用、优先配合

基准轴	孔																				
	A	B	C	D	E	F	G	H	JS	K	M	N	P	R	S	T	U	V	X	Y	Z
	间隙配合								过渡配合				过盈配合								
h5						F6/h5	G6/h5	H6/h5	JS6/h5	K6/h5	M6/h5	N6/h5	P6/h5	R6/h5	S6/h5	T6/h5					
h6						F7/h6	**G7/h6**	**H7/h6**	JS7/h6	**K7/h6**	M7/h6	**N7/h6**	**P7/h6**	R7/h6	**S7/h6**	T7/h6	**U7/h6**				
h7					E8/h7	**F8/h7**		**H8/h7**	JS8/h7	K8/h7	M8/h7	N8/h7									
h8				D8/h8	E8/h8	F8/h8		H8/h8													
h9				**D9/h9**	E9/h9	F9/h9		**H9/h9**													
h10				D10/h10				H10/h10													
h11	A11/h11	B11/h11	**C11/h11**	D11/h11				**H11/h11**													
h12		B12/h12						H12/h12													

注：表中黑体标注的配合为优先配合。

24

2.3 公差与配合的选择

尺寸公差与配合的选用是机械设计和制造的一个很重要的环节，公差与配合选择的是否合适，直接影响到机器的使用性能、寿命、互换性和经济性，有时甚至起决定性作用。因此，公差与配合的选择，实际上是尺寸的精度设计。

公差与配合的选择主要包括基准制、公差等级和配合种类等三个方面的选择。

2.3.1 基准制的选择

国家标准对配合规定有两种基准制，即基孔制和基轴制，基准制是规定配合系列的基础。设计人员可以通过国家标准规定的基孔制或基轴制来实现各种配合。基准制的选择主要从经济方面考虑，同时兼顾到功能、结构、工艺条件和其他方面的要求。

一般情况下，设计时应优先选用基孔制配合。因为从工艺上看，加工中等尺寸的孔通常要用价格较贵的定值刀具，而加工轴则用一把车刀或砂轮就可加工不同的尺寸。因此，采用基孔制可以减少备用定值刀具和量具的规格数量，降低成本，提高加工的经济性。对于尺寸较大的孔及低精度孔，虽然一般不采用定值刀、量具加工与检验，但从工艺上讲，采用基孔制和基轴制都一样，为了统一，也优先选用基孔制。

但是，在有些情况下采用基轴制比较经济合理，如以下几种情况。

① 在农业机械、纺织机械、建筑机械中经常使用具有一定公差等级的冷拉钢材直接做轴，不需要再进行加工，这种情况下，应该选用基轴制。

② 在同一基本尺寸的轴上装配几个零件而且配合性质不同时，应该选用基轴制配合。

例如，内燃机中活塞销与活塞孔和连杆套筒的配合，如图 2-16 （a） 所示，根据使用要求，活塞销与活塞孔的配合为过渡配合，活塞销与连杆套筒的配合为间隙配合。如果选用基孔制配合，三处配合分别为 H6/m5、H6/h5 和 H6/m5，公差带如图 2-16 （b） 所示；如果选用基轴制配合，三处配合分别为 M6/h5、H6/h5 和 M6/h5，公差带如图 2-16 （c） 所示。选用基孔制时，必须把轴做成台阶形式才能满足各部分的配合要求，而且不利于加工和装配；如果选用基轴制，就可把轴做成光轴，这样有利于加工和装配。

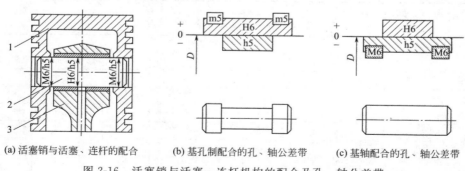

(a) 活塞销与活塞、连杆的配合　　(b) 基孔制配合的孔、轴公差带　　(c) 基轴配合的孔、轴公差带

图 2-16　活塞销与活塞、连杆机构的配合及孔、轴公差带

1—活塞；2—活塞销；3—连杆

③ 与标准件或标准部件配合的孔或轴，必须以标准件为基准件来选择配合制。比如，滚动轴承内圈和轴颈的配合必须采用基孔制，外圈和壳体的配合必须采用基轴制。

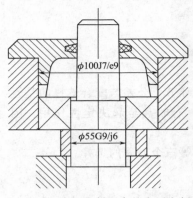

图 2-17 非基准制配合的应用实例

此外，在一些经常拆卸和精度要求不高的特殊场合可以采用非基准制。比如滚动轴承端盖凸缘与箱体孔的配合，轴上用来轴向定位的隔套与轴的配合，采用的都是非基准制，如图 2-17 所示。

2.3.2 公差等级选择

公差等级的选择有一个基本原则，就是在能够满足使用要求的前提下，应尽量选择低的公差等级。

公差等级的选择除遵循上述原则外，还应考虑以下问题。

（1）工艺等价性

在确定有配合的孔、轴的公差等级的时候，还应该考虑到孔、轴的工艺等价性，基本尺寸≤500mm 且公差≤IT8 的孔比同级的轴加工困难，国家标准推荐孔与比它高一级的轴配合，如 H8/f7、H7/u6 等；而基本尺寸≤500mm 且标准公差＞IT8 的孔以及基本尺寸＞500mm 的孔，测量精度容易保证，国家标准推荐孔、轴采用同级配合，如 H9/c9。

（2）了解各公差等级的应用范围

具体的公差等级的选择，可参考国家标准推荐的公差等级的应用范围，见表 2-12。

（3）熟悉各加工方法的加工精度

具体的各种加工方法所能达到的加工精度见表 2-13。

表 2-12 各公差等级应用范围

公差等级	应用范围
IT01～IT1	高精度量块和其他精密尺寸标准块的公差
IT2～IT5	用于特别精密零件的配合
IT5～IT12	用于配合尺寸公差。IT5 的轴和 IT6 的孔用于高精度和重要的配合处
IT6	用于要求精密配合的情况
IT7～IT8	用于一般精度要求的配合
IT9～IT10	用于一般要求的配合或精度要求较高的键宽与键槽宽的配合
IT11～IT12	用于不重要的配合
IT12～IT18	用于未注尺寸公差的尺寸精度

表 2-13 各种加工方法的加工精度

加工方法	公差等级（IT）																		
	01	0	1	2	3	4	5	6	7	8	9	10	11	12	13	14	15	16	17	18
研磨	—	—	—	—	—														
珩磨				—	—	—	—												
圆磨					—	—	—	—											
平磨					—	—	—	—											
金刚石车					—	—	—												
金刚石镗					—	—	—												
拉削						—	—	—	—										
铰孔							—	—	—	—									
车								—	—	—	—								
镗								—	—	—	—								

续表

加工方法	公差等级（IT）																			
	01	0	1	2	3	4	5	6	7	8	9	10	11	12	13	14	15	16	17	18
铣										—					—					
刨、插												—			—					
钻												—			—					
液压、挤压												—			—					
冲压												—			—					
压铸												—			—					
粉末冶金成型							—			—										
粉末冶金烧结								—		—										
砂型铸造																	—		—	
锻造																	—		—	

（4）相配合零部件的精度要匹配

例如，齿轮孔与轴的配合，它们的公差等级决定于相关件齿轮的精度等级，与滚动轴承相配合的外壳孔和轴颈的公差等级决定于相配件滚动轴承的公差等级。

（5）加工成本

为了降低成本，对于一些精度要求不高的配合，孔、轴的公差等级可以相差 2～3 级。

2.3.3　配合的选择

公差等级和基准制确定后，配合的选择主要是确定非基准轴或非基准孔公差带的位置，即选择非基准件基本偏差代号。

选择配合的步骤可分为配合类别的选择和非基准件基本偏差代号的选择。

2.3.3.1　配合类别的选择

配合类别的选择主要是根据使用要求选择间隙配合、过盈配合和过渡配合三种配合类型之一。当相配合的孔、轴间有相对运动时，选择间隙配合；当相配合的孔、轴间无相对运动时，不经常拆卸，而需要传递一定的转矩，选择过盈配合；当相配合的孔、轴间无相对运动，而需要经常拆卸时，选择过渡配合。

确定配合类别后，应尽可能地选用优先配合，其次是常用配合，再次是一般配合。若仍不能满足要求，可以按孔、轴公差带组成相应的配合。

2.3.3.2　非基准件基本偏差代号的选择

配合代号的选择是指在确定了配合制度和标准公差等级后，确定与基准件配合的孔或轴的基本偏差代号。

（1）配合种类选择的基本方法

配合种类的选择通常有三种，分别是计算法、试验法和类比法。

计算法是根据一定的理论和公式，经过计算得出所需的间隙或过盈，计算结果也是一个近似值，实际中还需要经过试验来确定；试验法是对产品性能影响很大的一些配合，常用试验法来确定最佳的间隙或过盈，这种方法要进行大量试验，成本比较高；类比法是参照类似的经过生产实践验证的机械，分析零件的工作条件及使用要求，以它们为样本来选择配合种类，类比法是机械设计中最常用的方法。使用类比法设计时，各种基本偏差的选择可参考表 2-14 来选择。

表 2-14　各种基本偏差选用说明

基本偏差	特性及应用
a（A）b（B）	可得到特大的间隙，应用很少。主要用于工作温度高、热变形大的零件之间的配合
c（C）	可得到很大的间隙，一般用于缓慢、松弛的动配合。用于工作条件差（如农用机械）、受力易变形或方便装配而需有较大的间隙时。推荐使用配合 H11/c11。其较高等级的配合 H8/c7 适用较高温度的动配合，比如内燃机排气阀和导管的配合
d（D）	对应于 IT7～IT11，用于较松的转动配合，比如密封盖、滑轮、空转带轮与轴的配合，也用于大直径的滑动轴承配合
e（E）	对应于 IT7～IT9，用于要求有明显的间隙，易于转动的轴承配合，比如大跨距轴承和多支点轴承等处的配合。e 轴适用于高等级的、大的、高速、重载支承，比如内燃机主轴承、大型电动机、涡轮发动机、凸轮轴承等的配合为 H8/e7
f（F）	对应于 IT6～IT8 的普通转动配合。广泛用于温度影响小，普通润滑油和润滑脂润滑的支承，例如小电动机，主轴箱、泵等的转轴和滑动轴承的配合
g（G）	多与 IT5～IT7 对应，形成很小间隙的配合，用于轻载装置的转动配合，其他场合不推荐使用转动配合，也用于插销的定位配合，例如，滑阀、连杆销精密连杆轴承等
h（H）	对应于 IT4～IT7，作为普通定位配合，多用于没有相对运动的零件，在温度、变形影响小的场合也用于精密滑动配合
js（JS）	对应于 IT4～IT7，用于平均间隙小的过渡配合和略有过盈的定位配合，比如联轴节、齿圈和轮毂的配合：用木槌装配
k（K）	对应于 IT4～IT7，用于平均间隙接近零的配合和稍有过盈的定位配合。用木槌装配
m（M）	对应于 IT4～IT7，用于平均间隙较小的配合和精密定位配合。用木槌装配
n（N）	对应于 IT4～IT7，用于平均过盈较大和紧密组件的配合，一般得不到间隙。用木槌和压力机装配
p（P）	用于小的过盈配合，p 轴与 H6 和 H7 形成过盈配合，与 H8 形成过渡配合，对非铁零件为较轻的压入配合。当要求容易拆卸，对于钢、铸铁或铜、钢组件装配时标准压入装配
r（R）	对钢铁类零件是中等打入配合，对于非钢铁类零件是轻打入配合，可以较方便地进行拆卸，与 H8 配合时，直径大于 100mm 为过盈配合，小于 100mm 为过渡配合
s（S）	用于钢和铁制零件的永久性和半永久性装配，能产生相当大的结合力。当用轻合金等弹性材料时，配合性质相当于钢铁类零件的 p 轴。为保护配合表面，需用热胀冷缩法进行装配
t（T）	用于过盈量较大的配合，对钢铁类零件适合作永久性结合，不需要键，可传递力矩。用热胀冷缩法装配
u（U）	过盈量很大，需验算在最大过盈量时工件是否损坏。用热胀冷缩法装配
v（V）、x（X）、y（Y）、z（Z）	一般不推荐使用

（2）尽量选用常用公差带及优先、常用配合

在机械设计中，应该首先选用优先配合（优先配合的选用说明见表 2-15），当优先配合不能满足要求时，再从常用配合中选择，常用配合不能满足要求时，再选择一般的配合。在特殊情况下，可根据国家标准的规定，用标准公差系列和基本偏差系列组成配合，以满足特殊的要求。甚至还可以选用任一孔、轴公差带组成满足特殊要求的配合。

表 2-15　优先配合选用

优先配合		说明
基孔制	基轴制	
$\dfrac{H11}{c11}$	$\dfrac{C11}{h11}$	间隙很大，常用于很松、转速低的动配合，也用于装配方便的松配合
$\dfrac{H9}{d9}$	$\dfrac{D9}{h9}$	用于间隙很大的自由转动配合，也用于非主要精度要求或者温度变化大、转速高和轴颈压力很大的时候
$\dfrac{H8}{f7}$	$\dfrac{F8}{h7}$	用于间隙不大的转动配合，也用于中等转速与中等轴颈压力的精确传动和较容易的中等定位配合
$\dfrac{H7}{g6}$	$\dfrac{G7}{h6}$	用于小间隙的滑动配合，也用于不能转动，但可自由移动和能滑动并能精密定位配合
$\dfrac{H7}{h6}$ $\dfrac{H8}{h7}$ $\dfrac{H9}{h9}$ $\dfrac{H11}{h11}$	$\dfrac{H7}{h6}$ $\dfrac{H8}{h7}$ $\dfrac{H9}{h9}$ $\dfrac{H11}{h11}$	用于在工作时没有相对运动，但装拆很方便的间隙定位配合
$\dfrac{H7}{k6}$	$\dfrac{K7}{h6}$	用于精密定位的过渡配合
$\dfrac{H7}{n6}$	$\dfrac{N7}{h6}$	用于有较大过盈的更精密定位的过盈配合
$\dfrac{H7}{p6}$	$\dfrac{P7}{h6}$	用于定位精度很重要的小过盈配合，并且能以最好的定位精度达到部件的刚性和对中性要求
$\dfrac{H7}{s6}$	$\dfrac{S7}{h6}$	用于普通钢件压入配合和薄壁件的冷缩配合
$\dfrac{H7}{u6}$	$\dfrac{U7}{h6}$	用于可承受高压入力零件的压入配合和不适宜承受大压入力的冷缩配合

【例 2-7】 某配合的基本尺寸为 $\phi40mm$，要求间隙在 $0.022\sim0.066mm$ 之间，试确定孔和轴的公差等级和配合种类。

解：（1）选择基准制

因为没有特殊要求，所以选用基孔制配合，基孔制配合 EI＝0。

（2）确定孔、轴公差等级

由配合公差知，$T_f = T_D + T_d = |X_{max} - X_{min}|$。根据使用要求，配合公差 $T'_f = |X'_{max} - X'_{min}| = |0.066 - 0.022| = 0.044mm$，暂取 $T_D = T_d = T_f/2 = 0.022mm$。

由表 2-4 查得，孔和轴的公差等级介于 IT6 和 IT7 之间，因为 IT6 和 IT7 属于高的公差等级，所以一般取孔比轴大一级，故选孔为 IT7，即 $T_D = 25\mu m$；轴为 IT6，即 $T_d = 16\mu m$，

配合公差 $T_f = T_D + T_d = 25\mu m + 16\mu m = 41\mu m$，满足使用要求。

（3）确定孔、轴公差带代号

因为是基孔制配合，且孔的标准公差为 IT7，所有孔的公差带为 $\phi 40H7$。

又因为是间隙配合，$X_{min} = EI - es = 0 - es = -es$，由已知条件知 $X_{min} = +22\mu m$，即轴的基本偏差 es 应最接近于 $-22\mu m$。查表 2-6，取轴的基本偏差为 f，$es = -25\mu m$，则 $ei = es - IT6 = (-25-16)\mu m = -41\mu m$，所以轴的公差带为 $\phi 40f6$。

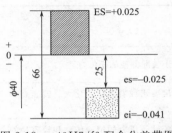

图 2-18　$\phi 40H7/f6$ 配合公差带图

（4）验算设计结果

以上所选孔、轴公差带组成的配合为 $\phi 40H7/f6$，其最大间隙 $X_{max} = [+25-(-41)]\mu m = +66\mu m = X'_{max}$，最小间隙 $X_{min} = [0-(-25)]\mu m = +25\mu m > X'_{min}$，故间隙在 0.022—0.066mm 之间，设计结果满足使用要求。

由以上分析知，本例所选的配合 $\phi 40H7/f6$ 是适宜的。该配合的公差带图如图 2-18 所示。

2.3.4　一般公差

（1）一般公差的概念

一般公差（也叫未注公差）是指在车间普通工艺条件下，普通机床设备一般加工能力就可达到的公差，它包括线性和角度的尺寸公差。在正常维护和操作情况下，它代表车间一般加工精度。

一般公差在保证车间的正常精度下，一般不用检验。

一般公差可简化制图，使图样清晰易读；节省图样设计的时间，设计人员只要熟悉一般公差的有关规定并加以应用，可不必考虑其公差值；突出了图样上注出公差的尺寸，在加工和检验时可以引起足够的重视。

（2）有关国家标准

国家标准把一般公差规定了 4 个等级。其公差等级从高到低依次为：精密级（f）、中等级（m）、粗糙级（c）和最粗级（v）。线性尺寸的极限偏差数值如表 2-16 所示，倒圆半径和倒角高度尺寸的极限偏差数值如表 2-17 所示，角度尺寸的极限偏差数值如表 2-18 所示。

（3）线性尺寸的一般公差的表示方法

线性尺寸的一般公差主要用于较低精度的非配合尺寸。当功能上允许的公差等于或大于一般公差时，均应采用一般公差。

表 2-16　线性尺寸的极限偏差数值　　单位：mm

公差等级 ＼ 尺寸分段	0.5～3	>3～6	>6～30	>30～120	>120～400	>400～1000	>1000～2000	>2000～4000
f（精密级）	±0.05	±0.05	±0.1	±0.15	±0.2	±0.3	±0.5	—
m（中等级）	±0.1	±0.1	±0.2	±0.3	±0.5	±0.8	±1.2	±2
c（粗糙级）	±0.2	±0.3	±0.5	±0.8	±1.2	±2	±3	±4
v（最粗级）	—	±0.5	±1	±1.5	±2.5	±4	±6	±8

表 2-17　倒圆半径与倒角高度尺寸的极限偏差数值　　　　　单位：mm

极限偏差数值 公差等级 ＼ 尺寸分段	尺寸分段			
	0.5～3	>3～6	>6～30	>30
f（精密级）	±0.2	±0.5	±1	±2
m（中等级）				
c（粗糙级）	±0.4	±1	±2	±4
v（最粗级）				

注：倒圆半径与倒角高度的含义参见国家标准 GB/T 6403.4—1986《零件倒圆与倒角》。

表 2-18　角度尺寸的极限偏差数值

极限偏差数值 公差等级 ＼ 尺寸分段/mm	～10	>10～50	>50～120	>120～400	>400
f（精密级）	±1°	±30′	±20′	±10′	±5′
m（中等级）					
c（粗糙级）	±1°30′	±1°	±30′	±15′	±10′
v（最粗级）	±3°	±2°	±1°	±30′	±20′

采用国际规定的一般公差，在图样上只注基本尺寸，不注极限偏差，在图样上或技术文件中用国家标准号和公差等级代号，并在两者之间用一短画线隔开表示。例如，选用 m（中等级）时，则表示为 GB/T 1804-m。这表明图样上凡未注公差的线性尺寸（包含倒圆半径与倒角高度）均按 m（中等级）加工和检验。

本章小结

本章介绍的国家标准《公差与配合》是应用最广泛的基础标准，影响深远。本章的重点如下。

（1）有关尺寸、公差、偏差、配合等方面的术语、定义。

（2）标准中有关标准公差、公差等级的规定。

（3）公差带的概念和公差带图的画法，并能熟练查取标准公差和基本偏差表格，正确进行有关计算。

（4）标准中关于一般、常用和优先公差带与配合的规定。

（5）标准中关于一般公差的线性尺寸的公差规定。

（6）公差与配合的正确选用，并能正确标注在图上。

思考题与练习

2-1　基本尺寸、极限尺寸、实际尺寸和作用尺寸有何区别和联系？

2-2　尺寸公差、极限偏差和实际偏差有何区别和联系？

2-3　配合分为几类？各种配合中孔、轴公差带的相对位置分别有什么特点？配合公差等于相互配合的孔轴公差之和说明了什么？

2-4　什么叫标准公差？什么叫基本偏差？它们与公差带有何联系？

2-5　什么是标准公差因子？为什么要规定公差因子？

2-6　计算孔的基本偏差为什么有通用规则和特殊规则之分？它们分别是如何规定的？

2-7　什么是线性尺寸的未注公差？它分为几个等级？线性尺寸的未注公差如何表示？为什么优先采用基孔制？在什么情况下采用基轴制？

2-8　公差等级的选用应考虑哪些问题？

2-9　间隙配合、过盈配合与过渡配合各适用于什么场合？每类配合在选定松紧程度时应考虑哪些因素？

2-10　配合的选择应考虑哪些问题？

2-11　什么是配制配合？其应用场合和应用目的是什么？如何选用配制配合？

2-12　根据表 2-19 中已知数据，填写表中各空格，并按适当比例绘制出各孔、轴的公差带图。

表 2-19　题 2-12 对应表　　　　　　　　　　　　单位：mm

序号	尺寸标注	基本尺寸	极限尺寸		极限偏差		公差
			最大	最小	上偏差	下偏差	
1	孔 $\phi 40^{+0.039}_{0}$						
2	轴		$\phi 60.041$			+0.011	
3	孔	$\phi 15$			+0.017		0.011
4	轴	$\phi 90$		$\phi 89.978$			0.022

2-13　根据表 2-20 中已知数据，填写表中各空格，并按适当比例绘制出各对配合的尺寸公差带图和配合公差带图。

表 2-20　题 2-13 对应表　　　　　　　　　　　　单位：mm

基本尺寸	孔			轴			X_{max} 或 Y_{min}	X_{min} 或 Y_{max}	T_f	配合种类
	ES	EI	T_D	es	ei	T_d				
$\phi 50$		0			0.039		+0.103		0.078	
$\phi 25$			0.021	0				−0.048		
$\phi 80$			0.046	0			+0.035			

2-14　利用有关表格查表确定下列公差带的极限偏差。

（1）$\phi 50d8$　　　　　　　（2）$\phi 90r8$　　　　　　　（3）$\phi 40n6$

（4）$\phi 40R7$　　　　　　　（5）$\phi 50D9$　　　　　　　（6）$\phi 30M7$

2-15　某配合的基本尺寸是 $\phi 30$mm，要求装配后的间隙在（+0.018～+0.088)mm 范围内，试按照基孔制确定它们的配合代号。

2-16　试计算孔 $\phi 35^{+0.025}_{0}$mm 与轴 $\phi 35^{+0.033}_{+0.017}$mm 配合中的极限间隙（或极限过盈），并指明配合性质。

2-17　$\phi 18M8/h7$ 和 $\phi 18H8/js7$ 中孔、轴的公差 IT7＝0.018mm，IT8＝0.027mm，$\phi 18M8$ 孔的基本偏差为＋0.002，试分别计算这两个配合的极限间隙或极限过盈，并分别绘制出它们的孔、轴公差带示意图。

第 3 章

测量技术基础

3.1 概　述

在机械制造中，为了保证机械零件的互换性和几何精度，应对其几何参数（尺寸、形位误差及表面粗糙度等）进行测量，以判断其是否符合设计要求。

3.1.1　测量的定义

测量是指为了确定被测对象的量值而进行的实验过程。即测量是将被测量与测量单位或标准量在数值上进行比较，从而确定两者比值的过程。若以 x 表示被测量，以 E 表示测量单位或标准量，以 q 表示测量值，则

$$q = x/E$$

显然，被测量的量值 x 等于测量单位 E 与测量值 q 的乘积，即 $x = qE$。

3.1.2　测量的四个要素

本课程研究的是几何量的测量，一个完整的几何量测量过程应包括以下四个要素。

（1）测量对象

本课程研究的测量对象是几何量，包括长度（包含中心距长度）、角度、形状和位置误差、表面粗糙度以及单键和花键、螺纹和齿轮等典型零件的各个几何参数的测量。

（2）测量单位

我国法定的计量单位中，长度单位为米（m），在机械中常用的长度单位为毫米（mm），在几何量精密及超精密测量中，常用的长度单位为微米（μm）和纳米（nm）。

常用角度单位有弧度（rad）、微弧度（μrad），平面角的角度单位为弧度（rad）及度（°）、分（′）、秒（″）。

（3）测量方法

所谓测量方法指的是测量时所采用的测量原理、计量器具和测量条件的综合，即获得测量结果的方式。如用游标卡尺测直径是直接测量法，用正弦尺测量圆锥体的圆锥角是间接测量法。

（4）测量精度

所谓测量精度是用来表示测量结果的可靠程度。用测量极限误差或测量不确定度来表示测量精度的高低。完整的测量结果应该包括测量值和测量极限误差，不知测量精度的测量结果是没有意义的。

3.1.3　检验和检定

检验和检定两个术语经常用在测量技术领域和技术监督工作中。

所谓检验是判断被检验对象是否合格。可以用通用计量器具检测的数值与给定的值进行比较判断是否合格，也可以用量规、样板等专用量具来判断被检验对象是否合格。

所谓检定是指为评定计量器具的精度指标是否合乎该计量器具的检定规程的全部过程，即根据测定结果的数据进行判断。例如，用量块来检定游标卡尺的精度指标等。

3.2　测量基准和尺寸传递系统

3.2.1　长度基准

为了保证长度测量的精度，首先需要建立国际统一的、稳定可靠的长度基准。在1983年第17届国际计量大会上通过了作为长度基准的米的新定义："米是光在真空中（1/299792 458）s的时间间隔内所经过的路程的长度"。

3.2.2　长度量值传递系统

使用长度基准，虽然可以达到足够的准确性，但却不便直接应用于生产中的量值测量。为了保证长度基准的量值能准确地传递到工业生产中去，就需要有一个统一的量值传递系统，即将米的定义长度一级一级地传递到工件计量器具上，再用其测量工件尺寸，从而保证量值的准确一致。

我国长度量值传递系统如图3-1所示。从最高基准谱线向下传递，有两个平行的系统，即端面量具（量块）和刻线量具（线纹尺）系统。其中尤以量块传递系统应用最广。

3.2.3　量块

（1）量块的作用

量块除了作为尺寸传递的媒介，用以体现测量单位外，还广泛用来检定和校准量块、量仪；相对测量时用来调整仪器的零位；有时也可直接检验零件，同时还可用于机械行业的精密划线和精密调整等。

（2）量块的构成

量块用铬锰钢等特殊合金钢或线膨胀系数小、性质稳定、耐磨以及不易变形的其他材料制成。

量块的形状有长方体和圆柱体两种。常用的是长方体，它有两个平行的测量面和四个非测量面。测量面极为光滑、平整，其表面粗糙度为 $Ra=0.008\sim0.012\mu m$。两测量面之间的距离即为量块的工作长度，称为标称长度（公称尺寸）。标称长度≤5.5mm 的量块，标称长度值印在上测量面上；标称长度>5.5mm 的量块，标称长度值印在上测量面的左侧平面上。标称长度到 10mm 的量块，其界面尺寸为 30mm×9mm；标称长度为 10~1000mm 的量块，其截面尺寸为 35mm×9mm，如图3-2所示。

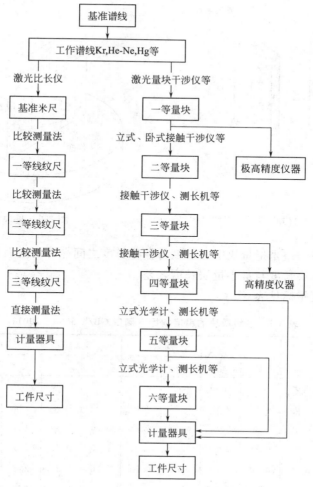

图 3-1　长度量值传递系统

（3）量块的研合性

每块量块只代表一个尺寸，由于量块的测量平面十分光洁和平整，因此当表面留有一层极薄的油膜时（约 $0.02\mu m$），用力推合两块量块使它们的测量平面互相紧密接触，因分子间的亲和力，两块量块便能黏合在一起，量块的这种特性称为研合性，也称为黏合性。利用量块的研合性，就可以把各种尺寸不同的量块组合成量块组，得到所需要的各种尺寸。

（4）量块的精度

为了满足不同的使用场合，国家标准对量块规定了若干级和若干等。

按国标 GB/T 6093—2001 的规定，量块按制造精度分为 6 级，即 00、0、1、2、3 和 K级。其中 00 级精度最高，3 级精度最低，K 级为校准级。级主要是根据量块长度极限偏差、量块长度变动量允许值、测量面的平面度、量块测量面的表面粗糙度及量块的研合性等指标来划分的。

量块长度是指量块上测量面上任一点到与此量块下测量面相研合的辅助体（如平晶）表面之间的垂直距离。量块的中心长度是指量块测量面上中心点的量块长度，如图 3-3 中的 L。

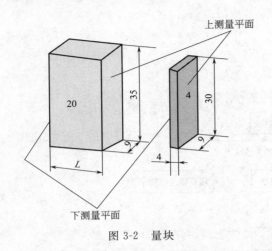

图 3-2　量块

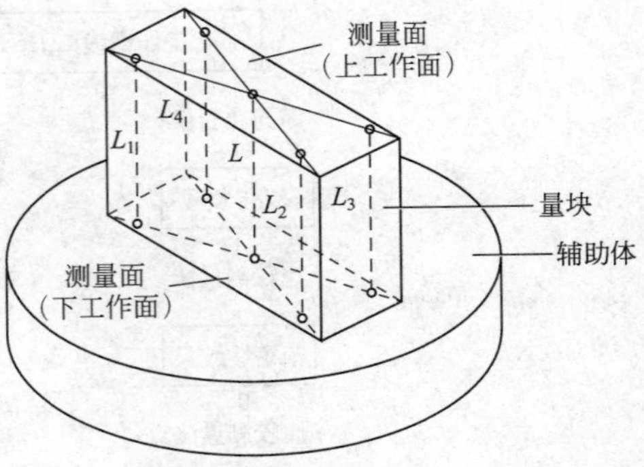

图 3-3　量块的长度定义

量块长度的极限偏差是指量块中心长度与标称长度之间允许的最大误差；量块长度变动量是指量块的最大量块长度与最小量块长度之差。

各级量块的精度指标见表 3-1。

表 3-1　各级量块的精度指标（摘自 GB/T 6093—2001）　　　单位：mm

标称长度	00 级		0 级		1 级		2 级		3 级		标准级 K	
	①	②	①	②	①	②	①	②	①	②	①	②
≤10	0.06	0.05	0.12	0.10	0.20	0.16	0.45	0.30	1.0	0.50	0.20	0.05
>10～25	0.07	0.05	0.14	0.10	0.30	0.16	0.60	0.30	1.2	0.50	0.30	0.05
>25～50	0.10	0.06	0.20	0.10	0.40	0.18	0.80	0.30	1.6	0.55	0.40	0.06
>50～75	0.12	0.06	0.25	0.12	0.50	0.08	1.00	0.35	2.0	0.55	0.50	0.06
>75～100	0.14	0.07	0.30	0.12	0.60	0.20	1.20	0.35	2.5	0.60	0.60	0.07
>100～150	0.20	0.08	0.40	0.14	0.80	0.20	1.60	0.40	3.0	0.65	0.80	0.08

注：1. ①为量块长度的极限偏差（±）。

　　2. ②为长度变动量允许值。

制造高精度量块的工艺要求高、成本也高，而且即使制造成高精度量块，在使用一段时间后，也会因磨损而引起尺寸减小。所以按"级"使用量块（即以标称长度为准），必然要引入量块本身的制造误差和磨损引起的误差。因此，需要定期检定出全套量块的实际尺寸，再按检定的实际尺寸来使用量块，这样比按标称长度使用量块的准确度高。

按检定精度将量块分为 5 等，即 1、2、3、4、5 等，其中 1 等精度最高，5 等精度最低。等主要是根据量块测量的不确定度的允许值和量块长度变动量的允许值来划分的，如表 3-2 所示。

量块按"级"使用时，以量块的标称长度为工作尺寸，该尺寸包含了量块实际制造误差。制造误差被引入到测量结果中，使测量精度受到影响，但使用方便。

按"等"使用时，用量块经检验后所给定的实际中心长度尺寸作为工作尺寸，该尺寸排除了量块的制造误差，只包含检定时较小的测量误差。

因此，在高精度的科学研究、测量工作中应按"等"使用，而在一般测量时按"级"使用，以简化计算。

表 3-2　各等量块的精度指标（摘自 JJG 146—2011）

量块的标称长度 l_n/mm	1 等		2 等		3 等		4 等		5 等	
	测量不确定度的允许值	长度变动量 v 的允许值 t_v	测量不确定度的允许值	长度变动量 v 的允许值 t_v	测量不确定度的允许值	长度变动量 v 的允许值 t_v	测量不确定度的允许值	长度变动量 v 的允许值 t_v	测量不确定度的允许值	长度变动量 v 的允许值 t_v
	/μm									
$l_n \leqslant 10$	0.022	0.05	0.06	0.10	0.11	0.16	0.22	0.30	0.6	0.50
$10 < l_n \leqslant 25$	0.025	0.05	0.07	0.10	0.12	0.16	0.25	0.30	0.6	0.50
$25 < l_n \leqslant 50$	0.030	0.06	0.08	0.10	0.15	0.18	0.30	0.30	0.8	0.55
$50 < l_n \leqslant 75$	0.035	0.06	0.09	0.12	0.18	0.18	0.35	0.35	0.9	0.55
$75 < l_n \leqslant 100$	0.040	0.07	0.10	0.12	0.20	0.20	0.40	0.35	1.0	0.60
$100 < l_n \leqslant 150$	0.05	0.08	0.12	0.14	0.25	0.20	0.50	0.40	1.2	0.65
$150 < l_n \leqslant 200$	0.06	0.08	0.15	0.16	0.30	0.20	0.6	0.40	1.5	0.70
$200 < l_n \leqslant 250$	0.07	0.10	0.18	0.16	0.35	0.25	0.7	0.45	1.8	0.75

注：距离量块测量面边缘 0.8mm 范围内不计。

（5）量块的应用

由于量块有很好的研合性，所以将量块顺其测量面加压推合，就能研合在一起。利用这一特性，可在一定范围内根据需要将多个尺寸不同的量块研合成量块组，从而扩大了量块的应用。因此，量块往往是成套刻成的，每套包含一定数量不同尺寸的量块。根据国标 GB/T 6039—2001 的规定，我国生产的成套量块有 91 块、83 块、46 块、38 块等 17 种套别。表 3-3 列出了 91、83、46、38 块套别量块的尺寸系列。

表 3-3　成套量块尺寸表

总块数	级别	尺寸系列/mm	间隔/mm	块数
91	00，0，1	0.5		1
		1		1
		1.001，1.002，…，1.009	0.001	9
		1.01，1.02，…，1.49	0.01	49
		1.5，1.6，…，1.9	0.1	5
		2.0，2.5，…，9.5	0.5	16
		10，20，…，100	10	10
83	00，0，1，2，(3)	0.5		1
		1		1
		1.005		1
		1.01，1.02，…，1.49	0.01	49
		1.5，1.6，…，1.9	0.1	5
		2.0，2.5，…，9.5	0.5	16
		10，20，…，100	10	10
46	0，1，2	1		1
		1.001，1.002，…，1.009	0.001	9
		1.01，1.02，…1.09	0.01	9
		1.1，1.2，…，1.9	0.1	9
		2，3，…，9	1	8
		10，20，…，100	10	10
38	0，1，2，(3)	1		1
		1.005		1
		1.01，1.02，…，1.09	0.01	9
		1.1，1.2，…，1.9	0.1	9
		2，3，…，9	1	8
		10，20，…，100	10	10

在使用量块时，为了减少量块的组合误差，应尽量减少量块组的量块数目，一般不超过4～5块。组合时，应从所需组合尺寸的最后一位数字开始选择量块，每选一块至少应减去所需尺寸的一位尾数。例如，从83块一套的量块中组合成28.935mm尺寸。选取步骤如下：

$$
\begin{array}{rl}
28.935 & \\
\underline{-1.005} & \cdots\cdots \text{第一块量块尺寸为1.005} \\
27.93 & \\
\underline{-1.43} & \cdots\cdots \text{第二块量块尺寸为1.43} \\
26.5 & \\
\underline{-6.5} & \cdots\cdots \text{第三块量块尺寸为6.5} \\
20 & \\
\underline{-20} & \cdots\cdots \text{第四块量块尺寸为20} \\
0 &
\end{array}
$$

即：28.935mm＝（1.005＋1.43＋6.5＋20）mm

（6）量块的维护

① 量块必须在使用有效期内，否则应及时送专业部门检定。

② 使用环境良好，防止各种腐蚀性物质及灰尘对测量面的损伤，影响其黏合性。

③ 分清量块的"级"与"等"，注意使用规则。

④ 所选量块应用航空汽油清洗、洁净软布擦干，待量块温度与环境温度相同后方可使用。

⑤ 轻拿、轻放量块，杜绝磕碰、跌落等情况的发生。

⑥ 不得用手直接接触量块，以免造成汗液对量块的腐蚀及手温对测量精确度的影响。

⑦ 使用完毕，应用航空汽油清洗所用量块，并擦干后涂上防锈脂存于干燥处。

3.3 测量器具和测量方法的分类

3.3.1 测量器具的分类

测量器具可按其测量原理、结构特点及用途分为以下五类。

（1）基准量具和量仪

在测量中体现标准量的量具和量仪。例如：量块、角度量块、激光比长仪、基准米尺等。

（2）通用量具和量仪

可以用来测量一定范围内的任意尺寸的零件，它有刻度，可测出具体尺寸值。按结构特点可分为以下几种。

① 固定刻线量具：如米尺、钢板尺、卷尺等。

② 游标量具：如三用游标卡尺（含带表游标卡尺、数显游标卡尺等）、游标深度尺、游标高度尺、齿厚游标卡尺、游标量角器等。

③ 螺旋测微量具：如外径千分尺、内径千分尺、螺纹中径千分尺、公法线千分尺等。

④ 机械式量仪：如百分表、内径百分表、千分表、杠杆齿轮比较仪、扭簧仪等。

⑤ 光学量仪：如工具显微镜、光学比较仪等。

⑥ 气动量仪：是将零件尺寸的变化量通过一种装置转变成气体流量（或压力等）的变化，然后将此变化测量出来即可得到零件的被测尺寸。如浮标式、压力式、流量计式气动量具等。

⑦ 电动量仪：是将零件尺寸的变化量通过一种装置转变成电流（或电感、电容等）的变化，然后将此变化测量出来即可得到零件的被测尺寸。如电接触式、电感式、电容式电动量仪等。

（3）极限规

无刻度的专用量具。它只能用来检验零件是否合格，而不能测得被测零件的具体尺寸。如：塞规、卡规、环规、螺纹塞规、螺纹环规等。

（4）检验夹具

是量具量仪和其他定位元件等的组合体，用来提高测量或检验效率，提高测量精度，便于实现测量自动化，在大批量生产中应用较多。

（5）主动测量装置

是工件在加工过程中实时测量的一种装置。它一般由传感器、数据处理单元以及数据显示装置等组成。目前，它被广泛用于数控加工中心以及其他数控机床上，如数控车床、数控铣床、数控磨床等。

3.3.2 测量器具的度量指标

度量指标是指测量中应考虑的测量工具的主要性能，它是选择和使用测量工具的依据。计量器具的基本度量指标如图 3-4 所示。

（1）刻度间隔 C

也叫刻度间距，简称刻度，它是标尺上相邻两刻线中心线之间的实际距离（或圆周弧长）。为了便于目测估读，一般刻线间距在 1～2.5mm 范围内。

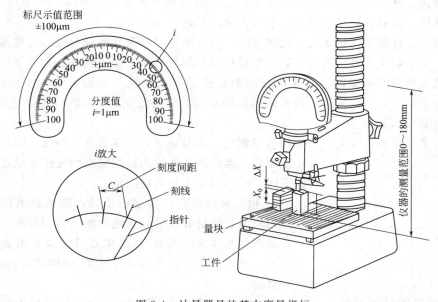

图 3-4 计量器具的基本度量指标

（2）分度值 i

也叫刻度值、精度值，简称精度，它是指测量器具标尺上一个刻度间隔所代表的测量数值。

（3）示值范围

是指测量器具标尺上全部刻度间隔所代表的测量数值。

（4）量程

计量器具测量范围的上限值与下限值之差。

（5）测量范围

测量器具所能测量出的最大和最小的尺寸范围。一般地，将测量器具安装在表座上，它包括标尺的示值范围、表座上安装仪表的悬臂能够上下移动的最大和最小的尺寸范围。

（6）灵敏度

能引起量仪指示数值变化的被测尺寸的最小变动量。灵敏度说明了量仪对被测数值微小变动引起反应的敏感程度。

（7）示值误差

量具或量仪上的读数与被测尺寸实际数值之差。

（8）测量力

在测量过程中量具或量仪的测量头与被测表面之间的接触力。

（9）放大比 K

也叫传动比，它是指量仪指针的直线位移（或角位移）与引起这个位移的原因（即被测量尺寸变化）之比。这个比等于刻度间隔与分度值之比，即 $K = C/i$。

3.3.3 测量方法的分类

在测量中，测量方法是根据测量对象的特点来选择和确定的，其特点主要是指测量对象的尺寸大小、精度要求、形状特点、材料性质以及数量等。主要可分为以下几种。

① 根据获得被测结果的方法不同，测量方法可分为直接测量和间接测量。

直接测量：测量时，可直接从测量器具上读出被测几何量的大小值。例如：用千分尺、卡尺测量轴径，就能直接从千分尺、卡尺上读出轴的直径尺寸。

间接测量：被测几何量无法直接测量时，首先测出与被测几何量有关的其他几何量，然后，通过一定的数学关系式进行计算来求得被测几何量的尺寸值。例如：如图 3-5 所示，在测量一个截面为圆的劣弧的几何量所在圆的直径 D（或测量一个较大的柱体直径 D）时，由于无法直接测量，可以先测出该劣弧的弦长 b 以及相应的弦高 h，然后通过公式 $D = h + b^2/(4h)$ 计算出其直径 D。

通常为了减小测量误差，都采用直接测量，而且也比较简单直观。但是，间接测量虽然比较烦琐，当被测几何量不易测量或用直接测量达不到精度要求时，就不得不采用间接测量了。

② 根据被测结果读数值的不同，即读数值是否直接表示被测尺寸，测量方法可分为绝对测量和相对测量。

绝对测量（全值测量）：测量器具的读数值直接表示被测尺寸。例如：用千分尺测量零件尺寸时可直接读出被测尺寸的数值。

相对测量（微差或比较测量）：测量器具的读数值表示

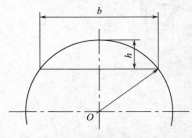

图 3-5　间接测量圆的直径

被测尺寸相对于标准量的微差值或偏差。该测量方法有一个特点，即在测量之前必须首先用量块或其他标准量具将测量器具对零。例如：用杠杆齿轮比较仪或立式光学比较仪测量零件的长度，必须先用量块调整好仪器的零位，然后进行测量，测得值是被测零件的长度与量块尺寸的微差值。

一般地，相对测量的测量精度比绝对测量的高，但测量较为麻烦。

③ 根据零件的被测表面是否与测量器具的测量头有机械接触，测量方法可分为接触测量和非接触测量。

接触测量：测量器具的测量头与零件被测表面以机械测量力接触。例如：千分尺测量零件、百分表测量轴的圆跳动等。

非接触测量：测量器具的测量头与被测表面不接触，不存在机械测量力。例如：用投影法（如：万能工具显微镜、大型工具显微镜等）测量零件尺寸、用气动量仪测量孔径等。

接触测量由于存在测量力，会使零件被测表面产生变形，引起测量误差，使测量头磨损以及划伤被测表面等，但是对被测表面的油污等不敏感；非接触测量由于不存在测量力，被测表面也不会引起变形误差，因此，特别适合薄结构易变形零件的测量。

④ 根据同时测量参数的多少，测量方法可分为单项测量和综合测量。

单项测量：单独测量零件的每一个参数。例如：用工具显微镜测量螺纹时可分别单独测量出螺纹的中径、螺距、牙形半角等。

综合测量：测量零件两个或两个以上相关参数的综合效应或综合指标。例如：用螺纹塞规或环规检验螺纹的作用中径。

综合测量一般效率较高，对保证零件的互换性更为可靠，适用于只要求判断工件是否合格的场合。单项测量能分别确定每个参数的误差，一般用于工艺分析（即分析加工）过程中产生废品的原因等。

⑤ 根据测量对机械制造工艺过程所起的作用不同，测量方法可分为被动测量和主动测量。

被动测量：在零件加工后进行的测量。这种测量只能判断零件是否合格，其测量结果主要用来发现并剔除废品。

主动测量：在零件加工过程中进行的测量。这种测量可直接控制零件的加工过程，及时防止废品的产生。

⑥ 根据被测量或敏感元件（测量头）在测量中相对状态的不同，测量方法可分为静态测量和动态测量。

静态测量：测量时，被测表面与敏感元件处于相对静止状态。

动态测量：测量时，被测表面与敏感元件处于（或模拟）工作过程中的相对运动状态。

动态测量生产效率高，并能测出工件上一些参数连续变化的情况，常用于目前大量使用的数控机床（如数控车床、数控铣床、数控加工中心等设备）的测量装置。由此可见，动态测量是测量技术的发展方向之一。

3.4　测量误差及数据处理

3.4.1　测量误差的含义及其表示方法

（1）测量误差的含义

从长度测量的实践中可知，当测量某一量值时，用一台仪器按同一测量方法由同一测量者进行若干次测量，所获得的结果是不同的。若用不同的仪器、不同的测量方法、由不同的测量者来测量同一量值，则这种差别将会更加明显，这是由于一系列不可控制的和不可避免的主观因素或客观因素造成的。所以，对于任何一次测量，无论测量者多么仔细，所使用的仪器多么精密，采用的测量方法多么可靠，在测得结果中，都不可避免地会有一定的误差。也就是说，所得到的测量结果，仅仅是被测量的近似值。被测量的实际测得值与被测量的真值之间的差异，叫做测量误差。即

$$\delta = X - X_0 \tag{3-1}$$

式中　δ——测量误差；

　　　X——被测量的实际测得值；

　　X_0——被测量的真值。

（2）测量误差的表示方法

测量误差分为绝对误差和相对误差。

式（3-1）所表示的测量误差叫做测量的绝对误差，用来判定相同被测几何量的测量精确度。由于 X 可能大于、等于或小于 X_0，因此，δ 可能是正值、零或负值。这样，上式可写为：

$$X_0 = X \pm \delta$$

上式说明：测量误差 δ 的大小决定了测量的精确度，δ 越大，则精确度越低；δ 越小，则精确度越高。

另外，对于不同大小的同类几何量，要比较测量精确度的高低，一般采用相对误差的概念进行比较。相对误差是指绝对误差 δ 和被测量的实际测得值 X 的比值。即：

$$f = \frac{\delta}{X_0}\left(\approx \frac{\delta}{X}\right)$$

式中　f——相对误差。

由上式可以看出，相对误差 f 是一个没有单位的数值，一般用百分数（％）来表示。

【例 3-1】有两个被测量的实际测得值 $X_1 = 100$，$X_2 = 10$，$\delta_1 = \delta_2 = 0.01$，求其相对误差。

$$f_1 = \frac{\delta_1}{X_1} \times 100\% = \frac{0.01}{100} \times 100\% = 0.01\%$$

$$f_2 = \frac{\delta_2}{X_2} \times 100\% = \frac{0.01}{10} \times 100\% = 0.1\%$$

由上例可以看出，两个不同大小的被测量，虽然具有相同大小的绝对误差，但其相对误差是不同的，显然，$f_1 < f_2$，表示前者的精确度比后者高。

3.4.2　测量误差产生的原因

测量误差是不可避免的，但是由于各种测量误差的产生都有其原因和影响测量结果的规律，因此测量误差是可以控制的。要提高测量精确度，就必须减小测量误差。要减小和控制测量误差，就必须对测量误差产生的原因进行了解和研究。产生测量误差的原因很多，主要有以下几个方面。

（1）计量器具误差

计量器具误差是指由于计量器具本身存在的误差而引起的测量误差。具体地说，是由于计量器具本身的设计、制造以及装配、调整不准确而引起的误差，一般表现在计量器具的示值误差和重复精度上。

设计计量器具时，因结构不符合理论要求，或在理论上采用了某种近似都会产生误差。例如，在光学比较仪的设计中，采用了当 α 为无穷小量时，$\sin\alpha \approx \alpha$ 的近似而产生的误差；若将标尺的不等分刻线用等分刻线代替，就存在计量器具设计时的原理误差。

制造以及装配、调整不准确而引起的误差，如计量器具测量头的直线位移与计量器具指针的角位移不成比例、计量器具的刻度盘安装偏心、刻度尺的刻线不准确等。

以上这些误差使计量器具所指示的数值并不完全符合被测几何量变化的实际情况，这种误差叫做示值误差。当然，这种误差是很小的，每一种仪器都规定了相应的示值误差允许范围。

（2）方法误差

方法误差是指选择的测量方法和定位方法不完善所引起的误差。例如：测量方法选择不当、工件安装不合理、计算公式不精确、采用近似的测量方法或间接测量法等造成的误差。

（3）环境误差

环境误差是指由于环境因素与要求的标准状态不一致所引起的测量误差。影响测量结果的环境因素有温度、湿度、振动和灰尘等。其中温度影响最大，这是由于各种材料几乎对温度都非常敏感，都具有热胀冷缩的现象。因此，在长度计量中规定标准温度为 20℃。

（4）人员误差及读数误差

人员误差是指由于人的主观和客观原因所引起的测量误差。如由于测量人员的视力分辨能力，测量技术的熟练程度，计量器具调整的不正确、测量习惯的好坏以及疏忽大意等因素引起的测量误差。

读数误差是人员误差的一种。它是指当计量器具指针处在表盘上相邻两刻线之间时，需要测量者估读而产生的误差。除数字显示的计量器具外，这种测量误差是不可避免的。

3.4.3　测量误差的分类

根据误差的特点与性质，以及误差出现的规律，可将测量误差分为系统误差、随机误差和粗大误差三种基本类型。

（1）系统误差

系统误差是指在同一条件下，对同一被测几何量进行多次重复测量时，误差的数值大小和符号均保持不变或按某一确定规律变化的误差，称为系统误差。前者称为定值系统误差，如量块检定后的实际偏差，千分尺不对零而产生的测量误差等；后者称为变值系统误差，所谓确定规律，是指这种误差可表达为一个因素或几个因素的函数。例如：尺长是温度的函数，改变温度，尺长将按照热胀冷缩的确定规律变化，从而引起误差。又如：分度盘偏心所引起的按正弦规律周期变化的测量误差。

系统误差由于具有一定的规律，理论上比较容易发现和剔除。但是，也有一些系统误差由于变化规律非常复杂，一般不太容易发现和剔除。

（2）随机误差

随机误差是指在同一条件下，对同一被测几何量进行多次重复测量时，绝对值和符号以不可预定的方式变化的误差。从表面看，随机误差没有任何规律，表现为纯粹的偶然性，因此也将其称为偶然误差。

单次测量时，误差出现是无规律可循的；若进行多次重复测量，误差的变化则服从统计规律，所以，可利用统计原理和概率论对它进行处理。

（3）粗大误差

粗大误差（也叫过失误差）是指超出了在一定条件下可能出现的误差。它的产生是由于测量时疏忽大意（如读数错误、计算错误等）或环境条件的突变（冲击、振动等）而造成的某些较大的误差。在处理数据时，必须按一定的准则从测量数据中剔除。

粗大误差常用 3σ 准则，即拉依达准则来判断。它主要用于测量次数多于 10 次，且服从正态分布的误差。所谓 3σ 准则，是指在测量值数列中，凡是测量值与算术平均值之差即残余误差的绝对值大于标准偏差 σ 的 3 倍的，都认为该测量值具有粗大误差，应从测量列中将其剔除。

3.4.4　测量精度

测量精度是指几何量的测得值与其真值的接近程度。它与测量误差是相对应的两个概念，即是从两个不同的角度说明同一概念的术语。测量误差越大，测量精度就越低；反之，测量误差越小，测量精度就越高。为了反映系统误差与随机误差的区别及其对测量结果的影响，以打靶为例进行说明。如图 3-6 所示，圆心表示靶心，黑点表示弹孔。图 3-6（a）表现为弹孔密集但偏离靶心，说明随机误差小而系统误差大；图 3-6（b）表现为弹孔较为分散，但基本围绕靶心分布，说明随机误差大而系统误差小；图 3-6（c）表现为弹孔密集而且围绕靶心分布，说明随机误差和系统误差都非常小；图 3-6（d）表现为弹孔既分散又偏离靶心，说明随机误差和系统误差都较大。

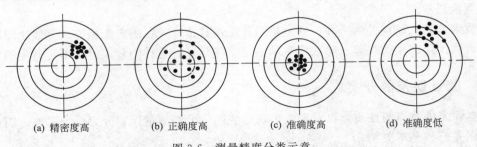

　　　(a) 精密度高　　　　　(b) 正确度高　　　　　(c) 准确度高　　　　　(d) 准确度低

图 3-6　测量精度分类示意

根据以上分析，为了准确描述测量精度的具体情况，可将其进一步分类为精密度、正确度和准确度。

（1）精密度

精密度是指在同一条件下对同一几何量进行多次测量时，该几何量各次测量结果的一致程度。它表示测量结果受随机误差的影响程度。若随机误差小，则精密度高。

（2）正确度

正确度是指在同一条件下对同一几何量进行多次测量时，该几何量测量结果与其真值的符合程度。它表示测量结果受系统误差的影响程度。若系统误差小，则正确度高。

（3）准确度

准确度（或称精确度）表示对同一几何量进行连续多次测量所得到的测得值与真值的一致程度。它表示测量结果受系统误差和随机误差的综合影响程度。若系统误差和随机误差都小，则准确度高。

按照上述分类可知，图 3-6（a）为精密度高而正确度低；图 3-6（b）为正确度高而精密度低；图 3-6（c）为精密度和正确度都高，因而准确度也高；图 3-6（d）为精密度和正确度都低，所以准确度也低。

3.4.5　随机误差的特性与处理

（1）随机误差的特性

随机误差的特性可以用实验统计法总结出来。先做一个实验：对某一零件用相同的方法进行 150 次重复测量，可得 150 个测得值，然后将测得的尺寸进行分组，将 7.131，7.132，…，7.141，每隔 0.001 为一组，分为 11 组，各测得值及出现次数如表 3-4 所示。

表 3-4　测得值及出现次数

测得值 X_i	出现次数 n_i	相对出现次数 n_i/N
$X_1 = 7.131$	$N_1 = 1$	0.007
$X_2 = 7.132$	$N_2 = 3$	0.020
$X_3 = 7.133$	$N_3 = 8$	0.053
$X_4 = 7.134$	$N_4 = 18$	0.120
$X_5 = 7.135$	$N_5 = 28$	0.0187
$X_6 = 7.136$	$N_6 = 34$	0.227
$X_7 = 7.137$	$N_7 = 29$	0.193
$X_8 = 7.138$	$N_8 = 17$	0.113
$X_9 = 7.139$	$N_9 = 9$	0.060
$X_{10} = 7.140$	$N_{10} = 2$	0.013
$X_{11} = 7.141$	$N_{11} = 1$	0.007

若以横坐标表示测得值 X_i，纵坐标表示相对出现次数 n_i/N，其中 n_i 为某一测得值出现的次数，N 为测量总次数，则得如图 3-7（a）所示的图形，称为频率直方图。连接每个小方图的上部中点，得一折线，称为实际分布曲线。

如果将上述实验的测量总次数 N 无限增大（$N \to \infty$），而分组间隔 Δx 无限减小（$\Delta x \to 0$），且用横坐标表示随机误差，纵坐标表示对应的随机误差的概率密度，则可以得到如图 3-7（b）所示的光滑曲线，即随机误差的正态分布曲线，也称高斯曲线。

从测量结果中可以看出，随机误差具有下列四大特性。

① 对称性：绝对值相等、符号相反的误差出现的概率相等。

② 单峰性：绝对值小的误差出现的概率比绝对值大的误差出现的概率大。

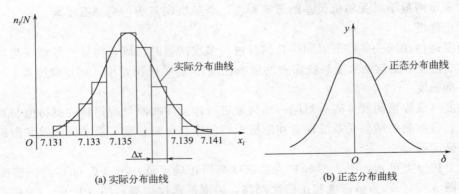

(a) 实际分布曲线　　　　　　　　(b) 正态分布曲线

图 3-7　随机误差的正态分布曲线

③ 有界性：在一定的测量条件下，误差的绝对值不会超过一定的界限。

④ 抵偿性：在相同条件下，当测量次数足够多时，各随机误差的算术平均值随测量次数的增加而趋近于零。该特性是对称性的必然反映。

根据概率论原理，正态分布曲线可用下列数学公式表示，即

$$y = \frac{1}{\sigma\sqrt{2\pi}} e^{\frac{-\delta^2}{2\sigma^2}}$$

式中　y——概率密度；

δ——随机误差（$\delta=$测得值－真值）；

e——自然对数的底（$e=2.71828$）；

σ——标准偏差，也称为均方根误差，即

$$\sigma = \sqrt{\frac{1}{n-1}(v_1^2 + v_2^2 + \cdots + v_n^2)} = \sqrt{\frac{1}{n-1}\sum_{i=1}^{n} v_i^2}$$

由上式可知，概率密度 y 与随机误差 δ 及标准偏差 σ 有关。当 $\delta=0$ 时，正态分布的概率密度最大，即 $y_{max}=1/\sigma\sqrt{2\pi}$。若 $\sigma_1<\sigma_2<\sigma_3$，则 $y_{1max}>y_{2max}>y_{3max}$，即 σ 越小，y_{max} 越大，正态分布曲线越陡，随机误差的分布范围越小，说明测量精度越高；反之，σ 越大，y_{max} 越小，正态分布曲线越平坦，随机误差的分布范围越分散，说明测量精度越低。因此标准偏差 σ 的大小反映了随机误差的分散特性和测量精度的高低。通过计算，随机误差在 $\pm 3\sigma$ 范围内出现的概率为 99.73%，已接近 100%，所以一般以 $\pm 3\sigma$ 作为随机误差的极限误差。图 3-8 表示三种不同标准偏差的正态分布曲线，其中 $\sigma_1<\sigma_2<\sigma_3$。

由于被测量的真值是未知量，在实际应用中常常进行多次测量，测量次数 n 足够多时，可以测量 x_1，x_2，$\cdots$，x_n 的算术平均值 x，将其作为真值，即

$$\bar{x} = \frac{1}{n}(x_1 + x_2 + \cdots + x_n) = \frac{1}{n}\sum_{i=1}^{n} x_i$$

测量列中各测得值与测量列的算术平均值的代数差，称为残余误差 v_i，即

$$v_i = x_i - \bar{x}$$

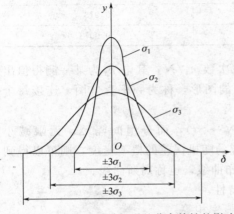

图 3-8　标准偏差对随机误差分布特性的影响

通过推导，得

$$\sigma = \sqrt{\frac{1}{n-1}(v_1^2 + v_2^2 + \cdots + v_n^2)} = \sqrt{\frac{1}{n-1}\sum_{i=1}^{n} v_i^2}$$

（2）随机误差的处理

通过采用多次重复测量，可以减少随机误差的影响，一般为 5～15 次。取多次测量的算术平均值作为测量结果，可以提高测量精度。若在相同条件下，重复测量 n 次，单次测量的标准偏差为 σ，则 n 次测量的算术平均值标准偏差 $\sigma_x = \sigma/\sqrt{n}$，测量结果为 $x \pm 3\sigma$。

【例 3-2】对一轴进行 10 次测量，其测得值列表见表 3-5，求测量结果。

表 3-5　10 次测量结果列表

x_i/mm	$v_i = x_i - x/\mu\mathrm{m}$	$v_i^2/\mu\mathrm{m}^2$
50.454	−3	9
50.459	+2	4
50.459	+2	4
50.454	−3	9
50.458	+1	1
50.459	+2	4
50.456	−1	1
50.458	+1	1
50.458	+1	1
50.455	−2	4
$\bar{x} = 50.457$	$\sum v_i = 0$	$\sum v_i^2 = 38$

解：（1）求算术平均值 x

$$x = \frac{1}{n}\sum x_i = 50.457$$

（2）求残余误差

$$\sum v_i = 0, \qquad \sum v_i^2 = 38\mu\mathrm{m}$$

（3）求单次测量的标准偏差

$$\sigma = \sqrt{\frac{1}{n-1}\sum_{i=1}^{n} v_i^2} \approx 2.05\mu\mathrm{m}$$

（4）求算术平均值的标准偏差 σ_x

$$\sigma_x = \frac{\sigma}{\sqrt{n}} = \frac{2.05}{\sqrt{10}} \approx 0.65\mu\mathrm{m}$$

$$\pm 3\sigma_x = \pm 1.95\mu\mathrm{m}$$

（5）得测量结果

$$l = x \pm 3\sigma_x = (50.457 \pm 0.002)\mathrm{mm}$$

本章小结

本章不涉及具体的测量方法，只是介绍有关测量技术的基本知识。本章的重点如下。

(1) 测量的基本概念及其四要素。

(2) 尺寸传递的概念。

(3) 尺寸传递中的重要媒介之一——量块，量块的基本知识。

(4) 计量器具的分类及常用的度量指标。

(5) 测量方法的分类及其特点。

(6) 测量误差的概念。

 思考题与练习

3-1 什么是测量？一个几何量的完整测量过程包含哪几个方面的要素？

3-2 随机误差的极限误差是什么？随机误差怎样进行处理？

3-3 粗大误差能剔除吗？怎样进行处理？

3-4 尺寸 29.765mm 和 38.995mm 按照 83 块一套的量块应如何选择？

3-5 量块按"级"使用与按"等"使用有何区别？按"等"使用时，如何选择量块并处理数据？

3-6 测量误差按性质可分为哪几类？各有什么特征？

3-7 测量精度分为哪几类？试以打靶为例加以理解和说明。

3-8 举例说明什么是绝对测量和相对测量、直接测量和间接测量。

第 4 章

几何公差与检测

零件在机械加工过程中将会产生几何误差（几何要素的形状、方向、位置和跳动误差）。

几何误差会影响机械产品的工作精度、连接强度、运动平稳性、密封性、耐磨性、噪声和使用寿命等。例如，光滑圆柱形零件的形状误差会使其配合间隙不均匀，局部磨损加快，降低工作寿命和运动精度；或者使配合过盈各部分不一致，影响连接强度。凸轮、冲模、锻模等的形状误差，更将直接影响工件精度和加工零件的几何精度。机床工作表面的直线度、平面度不好，将影响机床刀架的运动精度。若法兰端面上孔的位置有误差，则会影响零件的自由装配。总之，零部件的几何误差对其使用性能有很大的影响。为保证机械产品的质量和零件的互换性，应规定几何公差（形状公差、方向公差、位置公差和跳动公差），以限制几何误差。

本章也是本课程的基础和重点。相对于尺寸公差，几何公差更复杂，学习的难度更大。本章主要介绍三方面内容：国家标准对几何公差的主要规定，如何选用几何公差，如何检测几何公差。

本章内容涉及的相关标准主要有：

GB/T 1182—2008《产品几何技术规范（GPS） 几何公差 形状、方向、位置和跳动公差标注》；

GB/T 18780.1—2002《产品几何量技术规范（GPS） 几何要素 第 1 部分：基本术语和定义》；

GB/T 1184—1996《形状和位置公差 未注公差值》；

GB/T 16671—2009《产品几何技术规范（GPS） 几何公差 最大实体要求、最小实体要求和可逆要求》；

GB/T 4249—2009《产品几何技术规范（GPS） 公差原则》；

GB/T 1958—2004《产品几何量技术规范（GPS） 形状和位置公差 检测规定》。

4.1 基本概念

4.1.1 几何要素

几何要素（简称要素）是指构成零件几何特征的点、线和面，如图 4-1 所示零件的球面、圆柱面、圆锥面、端平面、轴线和球心等。

几何要素可按不同角度来分类。

（1）按结构特征分

① 组成要素（轮廓要素）是指构成零件外形的点、线、面各要素，如图 4-1 中的球面、圆锥面、圆柱面、端平面以及圆锥面和圆柱面的素线。

② 导出要素（中心要素）是指组成要素对称中心所表示的点、线、面各要素，如图 4-1 中的轴线和球心。

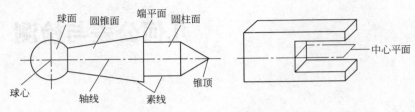

图 4-1　零件的几何要素

（2）按存在状态分

① 实际要素是指零件实际存在的要素。通常用测量得到的要素代替。

② 理想要素是指具有几何意义的要素，它们不存在任何误差。机械零件图样表示的要素均为理想要素。

（3）按所处地位分

① 被测要素是指图样上给出几何公差要求的要素，是检测的对象。

② 基准要素是指用来确定被测要素方向或（和）位置的要素。

（4）按功能关系分

① 单一要素是指仅对要素自身提出功能要求而给出形状公差的被测要素。

② 关联要素是指相对基准要素有功能要求而给出方向、位置和跳动公差的被测要素。

4.1.2　几何公差的特征、符号

国家标准 GB/T 1182—2008 规定的几何公差的特征项目分为形状公差、方向公差、位置公差和跳动公差四大类，共有 19 项，用 14 种特征符号表示，它们的名称和符号见表 4-1。其中，形状公差特征项目有 6 个，它们没有基准要求；方向公差特征项目有 5 个，位置公差

表 4-1　几何公差特征符号

公差	特征项目	符号	有或无基准要求	公差		特征项目	符号	有或无基准要求
形状	形状	直线度	—	无	位置	定向	平行度	//	有
		平面度	▱	无			垂直度	⊥	有
		圆度	○	无			倾斜度	∠	有
		圆柱度	⌀	无		定位	位置度	⊕	有或无
							同轴（同心）度	◎	有或无
形状或位置	轮廓	线轮廓度	⌒	有或无			对称度	=	有或无
		面轮廓度	⌓	有或无		跳动	圆跳动	↗	有
							全跳动	↗↗	有

特征项目有 6 个，跳动公差特征项目有 2 个，它们都有基准要求。没有基准要求的线、面轮廓度公差属于形状公差，而有基准要求的线、面轮廓度公差则属于方向、位置公差。

4.2　几何公差的标注

根据 GB/T 1182—2008 规定，几何公差要求在矩形方框中给出，该方框由二格或多格组成。两格的一般用于形状公差，多格的一般用于方向、位置和跳动公差。框格内容包括：公差特征符号、公差值、基准及指引线等。

4.2.1　公差框格与基准的标注

公差框格用细实线绘制，在图样上可沿水平或垂直方向放置。框格中的内容依从左到右或从下到上顺序填写，由公差特征符号、公差值、基准及指引线等组成，如图 4-2 所示。

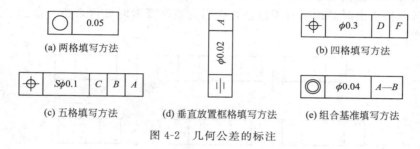

图 4-2　几何公差的标注

（1）公差特征符号

根据零件的工作性能要求，由设计者从表 4-1 中选择。

（2）公差值

用线性值，以 mm 为单位表示。如果公差带是圆形或圆柱形的，则在公差值前面加注"ϕ"；如果是球形的，则在公差值前面加注"$S\phi$"。

（3）基准

相对于被测要素的基准，由基准字母表示。代表基准的字母（包括基准符号方框中的字母）用大写英文字母表示，为避免引起误解，基准字母不采用 E、I、J、M、O、P、L、R、F。

单一基准由一个字母表示；公共基准采用由横线隔开的两个字母表示；基准体系由两个或三个字母表示，按基准的先后次序从左至右排列，分别为第 I 基准、第 II 基准和第 III 基准。

基准符号以带小圆的大写字母用细实线与粗的短横线所构成，无论基准符号在图样上方向如何，其圆中的基准字母都应水平书写，如图 4-3 所示。

基准要素的标注如下。

① 当基准要素为轮廓要素时，基准符号的短横线放置在该要素的轮廓线或其延长线上方，并明显地与尺寸线错开。

② 当基准要素为中心要素时，基准符号应与构成该要素的轮廓要素的尺寸线对齐，如图 4-4 所示。

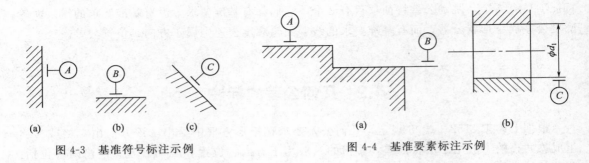

图 4-3　基准符号标注示例　　　　　　图 4-4　基准要素标注示例

（4）被测要素

被测要素的标注方法是用带箭头的指引线将被测要素与公差框格的一端相连。指引线的箭头应指向公差带的宽度方向或直径方向。

对于水平放置的公差框格，指引线可以从框格的左端或右端引出。对于垂直放置的公差框格，指引线可以从框格的上端或下端引出。为了方便起见，也允许指引线从框格的侧边引出。指引线从框格引出时必须垂直于框格，而引向被测要素时允许弯折，如图 4-5 所示，但不得多于两次。

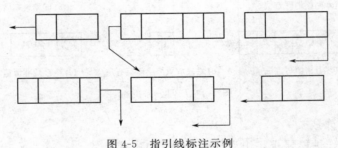

图 4-5　指引线标注示例

指引线的箭头应按以下方法与被测要素相连：

① 当被测要素为轮廓要素（线或表面）时，指引线的箭头应指在该要素的轮廓线或其引出线上，并应明显地与尺寸线错开，如图 4-6 中圆柱度和垂直度的标注。

② 当被测要素为中心要素（轴线、球心或中心平面）时，指引线的箭头应与构成该中心要素的轮廓要素的尺寸线对齐，如图 4-6 中同轴度的标注。

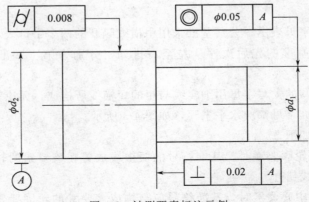

图 4-6　被测要素标注示例

4.2.2 几何公差的一些特殊标注方法

除了上述的一般标注外，还有一些特殊标注，如表 4-2 所示。

表 4-2 几何公差的一些特殊标注

序号	特殊标注的图样	标注的含义	序号	特殊标注的图样	标注的含义
1	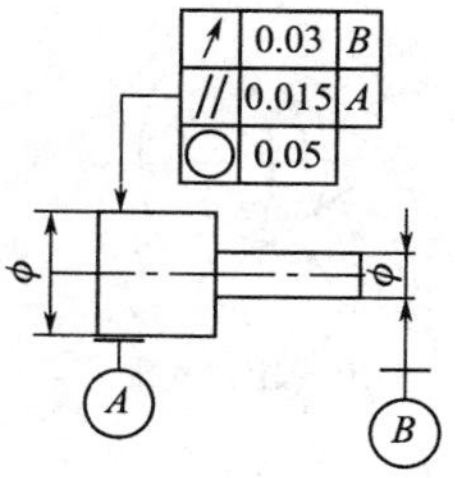	同一要素有多项形位公差要求时，可将一个框格放在另一个框格下方并在一起，由一条指引线引出	3		当要素为整个图样上的轮廓线（面）时，在指引线转折处加注全周符号"○"
2		当多个被测要素有相同的形位公差要求时，可以从框格列出的指引线上绘制多个指引箭头并分别指向各被测要素	4		同一要素的公差值对其中一部分有进一步的限制，如图中在200mm 长度内的直线度为0.01mm，其他为0.03mm
			5	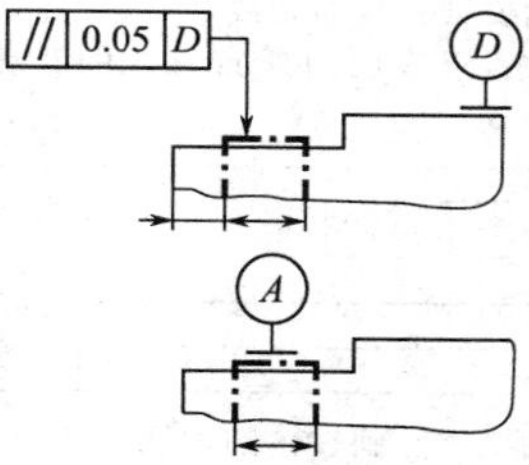	仅要求要素某一部分时，可用粗点划线表示范围并加注尺寸；仅要求要素某一部分作为基准时，可用粗点划线表示范围并加注尺寸

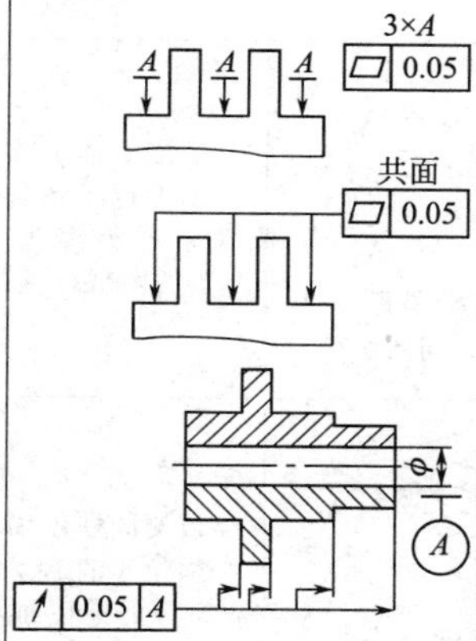

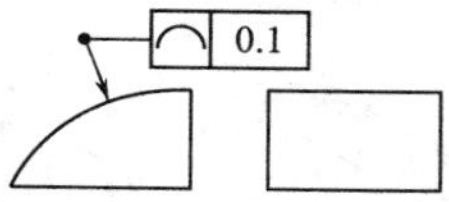

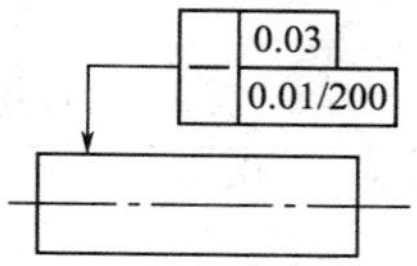

4.3 形位公差

形位公差是用来限制零件本身形位误差的，它是实际被测要素的允许变动量。新国家标准将形位公差分为形状公差、形状或位置公差和位置公差。

形位公差带是表示实际被测要素允许变动的区域，概念明确、形象，它体现了被测要素的设计要求，也是加工和检验的根据。形位公差带的主要形状如图 4-7 所示。

4.3.1 形状公差与公差带

形状公差是单一实际被测要素对其理想要素的允许变动量，形状公差带是单一实际被测要素允许变动的区域。形状公差有直线度、平面度、圆度、圆柱度 4 个项目，形状公差带的定义和标注示例如表 4-3 所示。

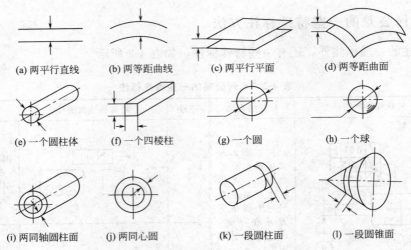

(a) 两平行直线   (b) 两等距曲线   (c) 两平行平面   (d) 两等距曲面

(e) 一个圆柱体   (f) 一个四棱柱   (g) 一个圆   (h) 一个球

(i) 两同轴圆柱面   (j) 两同心圆   (k) 一段圆柱面   (l) 一段圆锥面

图 4-7 形位公差带的主要形状

表 4-3 形状公差带定义、标注示例和公差意义

项目	标注示例及读图说明	公差带定义	公差意义
直线度	被测要素：表面素线 读法：上表面内任意直线的直线度公差为 0.1	在给定平面内，公差带是距离为公差值 t 的两平行直线之间的区域	被测表面的素线必须位于平行于图样所示投影面且距离为公差值 0.1 的两平行直线内
直线度	被测要素：圆柱体的轴线 读法：圆柱体轴线的直线度公差为 $\phi0.08$	在任意方向上，公差带是直径为 ϕt 的圆柱面内的区域	被测圆柱体 ϕt 的轴线必须位于直径为公差值 $\phi0.08$ 的圆柱面内
平面度	被测要素：上表面 读法：上表面的平面度公差为 0.06	公差带是距离为公差值 t 的两平行平面之间的区域	被测上表面必须位于距离为公差值 0.06 的两平行平面内
圆度	被测要素：圆柱（圆锥）正截面内的轮廓圆 读法：圆柱（圆锥）任一正截面的圆度公差为 0.02	公差带是正截面内半径差为公差值 t 的两个同心圆之间的区域	被测回转体的正截面内的轮廓圆必须位于半径差为公差值 0.02 的两个同心圆之间的环形区域内

续表

项目	标注示例及读图说明	公差带定义	公差意义
圆柱度	b 0.05 被测要素：圆柱面 读法：圆柱面的公差为 0.05	公差带是半径值为公差值 t 的两同轴圆柱面之间的区域	被测圆柱面必须位于半径差为公差值 0.05 的两同轴圆柱面之间的区域内

形状公差带的特点是不涉及基准，其方向和位置随实际要素不同而浮动。

4.3.2　形状或位置公差与公差带

轮廓度公差分为线轮廓度和面轮廓度。轮廓度无基准要求时为形状公差，有基准要求时为位置公差。轮廓度公差带的定义和标注示例如表 4-4 所示。无基准要求时，其公差带的形状由理论正确尺寸（所谓理论正确尺寸是指不带公差的理想尺寸，在图样上应围以方框，如表 4-4 中的 $R10$ 、30 等）确定，而方向和位置是浮动的；有基准要求时，其公差带的形状、方向和位置由理论正确尺寸和基准确定，是固定的。

表 4-4　轮廓度公差带定义、标注示例和公差意义

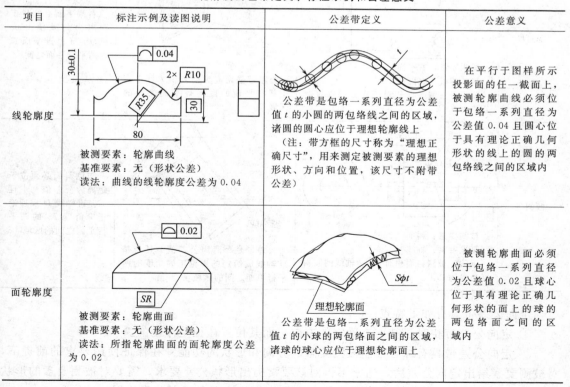

项目	标注示例及读图说明	公差带定义	公差意义
线轮廓度	30 ± 0.1　0.04　$2\times R10$　$R35$　30　80 被测要素：轮廓曲线 基准要素：无（形状公差） 读法：曲线的线轮廓度公差为 0.04	公差带是包络一系列直径为公差值 t 的小圆的两包络线之间的区域，诸圆的圆心应位于理想轮廓线上 （注：带方框的尺寸称为"理想正确尺寸"，用来测定被测要素的理想形状、方向和位置，该尺寸不附带公差）	在平行于图样所示投影面的任一截面上，被测轮廓曲线必须位于包络一系列直径为公差值 0.04 且圆心位于具有理论正确几何形状的线上的圆的两包络线之间的区域内
面轮廓度	0.02　SR 被测要素：轮廓曲面 基准要素：无（形状公差） 读法：所指轮廓曲面的面轮廓度公差为 0.02	$S\phi t$　理想轮廓面 公差带是包络一系列直径为公差值 t 的小球的两包络面之间的区域，诸球的球心应位于理想轮廓面上	被测轮廓曲面必须位于包络一系列直径为公差值 0.02 且球心位于具有理论正确几何形状的面上的球的两包络面之间的区域内

4.3.3 位置公差与公差带

根据位置公差项目的特征，位置公差又分为定向公差、定位公差和跳动公差。

（1）定向公差与公差带

定向公差是关联实际要素对其具有确定方向的理想要素的允许变动量，包括平行度、垂直度和倾斜度三项。

这三项公差都有面对面、线对线、面对线和线对面几种情况。表 4-5 列出了部分定向公差的公差带定义、标注示例和解释。

表 4-5 典型定向公差的公差带定义、标注示例和公差意义

项目	标注示例及读图说明	公差带定义	公差意义
平行度	 被测要素：上表面 基准要素：底表面 读法：上表面相对于底表面的平行度公差为 0.05	 基准平面 公差带是距离为公差值 t 且平行于基准面的两平行平面之间的区域	被测表面必须位于距离为公差值 0.05 且平行于基准面 A 的两平行平面之间
垂直度	 被测要素：右平面 基准要素：底面 读法：右侧平面相对于底面的垂直度公差为 0.05	 基准平面 公差带是距离为公差值 t 且垂直于基准平面的两平行平面之间的区域	右侧平面必须位于距离为公差值 0.05 且垂直于基准平面 A 的两平行平面之间
倾斜度	 被测要素：斜面 基准要素：轴线 读法：被测斜面相对于 ϕd 轴线的倾斜度公差为 0.1	 基准线 公差带是距离为公差值 t 且与基准轴线成给定的理论正确角度的两平行平面之间的区域	被测斜面必须位于距离为公差值 0.1 且与基准轴线 D 成理论正确角度 75° 的两平行平面之间的区域

定向公差带具有如下特点。

① 定向公差带相对于基准有确定的方向，而其位置往往是浮动的。

② 定向公差带具有综合控制被测要素的方向和形状的功能。在保证使用要求的前提下，对被测要素给出定向公差后，通常不再对该要素提出形状公差要求。需要对被测要素的形状有进一步的要求时，可再给出形状公差，且形状公差值应小于定向公差值。

（2）定位公差与公差带

定位公差是关联实际要素对其具有确定位置的理想要素的允许变动量。定位公差包括同轴度、对称度和位置度。表 4-6 列出了部分定位公差的公差带定义、标注示例和解释。

表 4-6　典型定位公差的公差带定义、标注示例和公差意义

项目	标注示例及读图说明	公差带定义	公差意义
同轴度	 被测要素：ϕd 圆柱面的轴线 基准要素：公共轴线 $A—B$ 读法：被测轴线相对于基准轴线的同轴度公差为 $\phi 0.1$	 基准轴线 公差带是直径为公差值 ϕt 的圆柱面内的区域，该圆柱面的轴线与基准轴线同轴	被测轴线必须位于直径为 $\phi 0.1$ 且与公共基准轴线 $A—B$ 同轴的圆柱面内
对称度	 被测要素：槽的对称中心平面 基准要素：中心平面 A 读法：被测中心平面相对于基准平面的对称度公差为 0.08	 基准中心平面 公差带是距离为公差值 t，且相对基准中心平面对称配置的两平行平面之间的区域	被测中心平面必须位于距离为公差值 0.08，且相对基准中心平面 A 对称配置的两平行平面之间
位置度	 被测要素：ϕD 孔的轴线 基准要素：基准面 A、B、C 读法：被测轴线相对于基准面 A、B、C 的位置度公差为 $\phi 0.1$	 C基准　B基准　A基准 公差带是直径为公差值 ϕt 的圆柱面内的区域，公差带轴线的位置由相对于三基面体系的理论正确尺寸确定	每个被测轴线必须位于直径为公差值 0.1，且以相对于 A、B、C 基准所确定的理想位置为轴线的圆柱内

定位公差带具有如下特点。

① 定位公差带相对于基准具有确定的位置。其中，位置度公差带的位置由理论正确尺寸确定，同轴度和对称度的理论正确尺寸为零，图上可省略不注。

② 定位公差带具有综合控制被测要素位置、方向和形状的功能。在满足使用要求的前提下，对被测要素给出定位公差后，通常对该要素不再给出定向公差和形状公差。如果需要对方向和形状有进一步要求时，则可另行给出定向或（和）形状公差，但其数值应小于定位公差值。

（3）跳动公差与公差带

与定向、定位公差不同，跳动公差是针对特定的检测方式而定义的公差特征项目。它是被测要素绕基准要素回转过程中所允许的最大跳动量，也就是指示器在给定方向上指示的最

大读数与最小读数之差的允许值。跳动公差可分为圆跳动和全跳动。

圆跳动是控制被测要素在某个测量截面内相对于基准轴线的变动量。圆跳动又分为径向圆跳动、端面圆跳动和斜向圆跳动三种。

全跳动是控制整个被测要素在连续测量时相对于基准轴线的跳动量。全跳动分为径向全跳动和端面全跳动两种。

跳动公差适用于回转表面或其端面。表 4-7 列出了部分跳动公差的公差带定义、标注示例和解释。

表 4-7　典型跳动公差带定义、标注示例和公差意义

项目		标注示例及读图说明	公差带定义	公差意义
全跳动	径向全跳动	被测要素：圆柱面 基准要素：ϕd_1 与 ϕd_2 的公共轴线 读法：被测圆柱面相对于基准轴线的全跳动公差为 0.2	公差带是半径差为公差值 t，且与基准同轴的两圆柱面之间的区域	被测要素围绕基准线 A—B 作若干次旋转，并在测量仪器与工件之间同时作轴向移动，此时在被测要素上各点间的示值差均不得大于 0.2，测量仪器或工件必须沿着基准轴线方向并相对于公共基准轴线 A—B 移动
	端面全跳动	被测要素：端面 基准要素：ϕd 轴线 读法：被测端面相对于基准轴线的全跳动公差为 0.05	公差带是距离为公差值 t，且与基准垂直的两平行平面之间的区域	被测要素绕基准轴线 A 作若干次旋转，并在测量仪器与工件之间同时作径向移动，此时在被测要素上各点间的示值差均不得大于 0.05，测量仪器或工件必须沿着轮廓具有理想正确形状的线和相对于基准轴线 A 的正确方向移动
圆跳动	径向圆跳动	被测要素：圆柱面 基准要素：ϕd_1 轴线 读法：被测圆柱面相对于基准轴线的圆跳动公差为 0.05	公差带是在垂直于基准轴线的任一测量平面内半径为公差值 t，且圆心在基准轴线上的两个同心圆之间的区域	当被测要素围绕基准线 A 作无轴向移动旋转一周时，在任一测量平面内的径向圆跳动量均不得大于 0.05
	端面圆跳动	被测要素：端面 基准要素：轴线 读法：被测端面相对于基准轴线的圆跳动公差为 0.06	公差带是在与基准同轴的任一半径位置的测量圆柱面上距离为 t 的圆柱面区域	被测面绕基准线 A 作无轴向移动旋转一周时，在任一测量圆柱面内的轴向跳动量均不得大于 0.06

跳动公差带具有如下特点。

① 跳动公差带的位置具有固定和浮动双重特点，一方面公差带的中心（或轴线）始终与基准轴线同轴，另一方面公差带的半径又随实际要素的变动而变动。

② 跳动公差具有综合控制被测要素的位置、方向和形状的作用。例如，端面全跳动公差可同时控制端面对基准轴线的垂直度和它的平面度误差；径向全跳动公差可控制同轴度、圆柱度误差。

4.4 公差原则

同一被测要素上既有尺寸公差又有形位公差时，确定尺寸公差与形位公差之间的相互关系的原则称为公差原则。

国家标准 GB/T 4249—2009《产品几何技术规范（GPS）公差原则》规定了形位公差与尺寸公差之间的关系。

公差原则分类如图 4-8 所示。

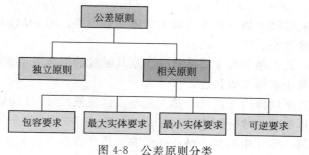

图 4-8 公差原则分类

为便于研究起见，除第二章涉及的一些概念外，还必须了解下列有关定义、符号及尺寸代号（GB/T 16671—2009）。

4.4.1 有关定义、符号

（1）局部实际尺寸（简称实际尺寸）

在实际要素的任意正截面上，两对应点之间测得的距离。

（2）最大实体状态、尺寸、边界

孔或轴在尺寸公差范围以内，具有材料量最多时的状态称为最大实体状态（简称 MMC）。

在此状态下的尺寸，称为最大实体尺寸（简称 MMS）。它是孔的最小极限尺寸和轴的最大极限尺寸的统称。

孔、轴的最大实体尺寸分别用 D_M、d_M 表示。

根据极限尺寸和最大实体尺寸定义，存在如下关系：

$$D_M = D_{min}, \qquad d_M = d_{max}$$

由设计给定的具有理想形状的极限包容面，边界的尺寸为极限包容面的直径或距离。

尺寸为最大实体尺寸的边界称为最大实体边界，用 MMB 表示。

（3）最小实体状态、尺寸、边界

孔或轴在尺寸公差范围以内，具有材料量最少时的状态称为最小实体状态（简称LMC）。

在此状态下的尺寸，称为最小实体尺寸（简称LMS）。它是孔的最大极限尺寸和轴的最小极限尺寸的统称。

孔、轴的最小实体尺寸分别用 D_L、d_L 表示。

根据极限尺寸和最大实体尺寸定义，存在如下关系：

$$D_L = D_{max}, \qquad d_L = d_{min}$$

尺寸为最小实体尺寸的边界称为最小实体边界，用LMB表示。

（4）最大实体实效状态、尺寸、边界

在配合的全长上，孔、轴为最大实体状态，且其轴线的形状或位置误差等于给出公差时的综合极限状态称为最大实体实效状态。

最大实体实效状态下的体外作用尺寸称为最大实体实效尺寸（简称MMVS）。

孔、轴的最大实体实效尺寸分别用 D_{MV}、d_{MV} 表示。

根据定义，对于某一图样中的某一轴或孔的有关尺寸存在下式关系：

$$d_{MV} = d_M + t_{形位}, \qquad D_{MV} = D_M - t_{形位}$$

尺寸为最大实体实效尺寸的边界称为最大实体实效边界，用MMVB表示。

（5）最小实体实效状态、尺寸、边界

在配合的全长上，孔、轴为最小实体状态，且其轴线的形状或位置误差等于给出公差时的综合极限状态称为最小实体实效状态。

最小实体实效状态下的体内作用尺寸称为最小实体实效尺寸（LMVS）。

孔、轴的最小实体实效尺寸分别用 D_{LV}、d_{LV} 表示。

根据定义，对于某一图样中的某一轴或孔的有关尺寸存在下式关系：

$$d_{LV} = d_L - t_{形位}, \qquad D_{LV} = D_L + t_{形位}$$

尺寸为最小实体实效尺寸的边界称为最小实体实效边界，用LMVB表示。

4.4.2 独立原则

独立原则是指图样上给定的形位公差与尺寸公差相互独立无关，分别满足要求的公差原则。

（1）图样标注

图4-9为独立原则的标注示例，标注时，不需要附加任何表示相互关系的符号。

（2）被测要素的合格条件

被测要素的实际尺寸应在其两个极限尺寸之间；被测要素的形位误差应小于或等于形位公差。如图4-9所示，该标注表示轴的局部实际尺寸应在 $\phi19.97 \sim 20$mm 之间，不管实际尺寸为何值，轴线的直线度误差都不允许大于 $\phi0.05$mm。

（3）被测要素的检测方法和计量器具

用通用计量器具测量被测要素的实际尺寸和形位误差。

（4）应用场合

一是用于非配合的零件；二是应用于零件的形状公

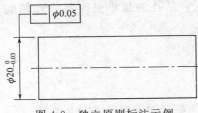

图4-9 独立原则标注示例

差或位置公差要求较高，而对尺寸公差要求又相对较低的场合。

4.4.3 相关原则

相关原则是指图样上给出的尺寸公差与形位公差相互有关的设计要求。相关原则又分为包容要求、最大实体要求、最小实体要求和可逆要求。

下面分别介绍它们在图样上的标注、表示的含义、应遵守的边界及合格条件等内容。对目前应用相对较少的最小实体要求及可逆要求，只作简单介绍。

（1）包容要求

采用包容要求时，表示被测实际要素处于具有理想形状的包容面内的一种公差要求。该理想形状的尺寸为最大实体尺寸，当被测要素偏离了最大实体状态时，可将尺寸公差的一部分或全部补偿给形状公差。

① 图样标注　当采用包容要求时，应在被测要素的尺寸极限偏差或公差带代号后加注符号"$\textcircled{E}$"，如图 4-10 所示。

② 被测实际轮廓遵守的理想边界　包容要求遵守的理想边界是最大实体边界。

③ 合格条件　被测要素应用包容要求的合格条件是：被测实际轮廓处处不得超越最大实体边界，其局部实际尺寸不得超出最小实体尺寸，即

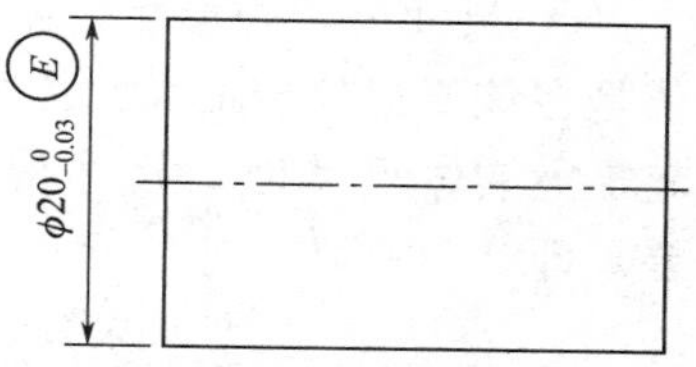

图 4-10　包容要求标注示例

$$轴\quad d_{fe} \leqslant d_M(d_{max}),\ d_a \geqslant d_L(d_{min})$$
$$孔\quad D_{fe} \geqslant D_M(D_{min}),\ D_a \leqslant D_L(D_{max})$$

④ 尺寸公差与形状公差的关系　当被测要素的实体状态为最大实体状态时，被测要素的形位公差值为零；当被测要素的实体状态偏离了最大实体状态时，尺寸偏离量可以补偿给形状公差。即：

$$t_补 = |\,MMS - D_a(d_a)\,|$$

⑤ 计量器具和检测方法　用光滑极限量规检验被测要素。光滑极限量规用于检验的工作量规有通规和止规。通规体现最大实体边界（其中卡规的通规体现最大实体尺寸），而止规体现最小实体尺寸。

⑥ 包容要求的应用　仅用于形状公差，即适用于单一要素。主要用于需要严格保证配合性质的场合。例如：包容要求常用于保证孔、轴的配合性质，特别是配合公差较小的精密配合要求，用最大实体边界保证所需要的极限间隙或极限过盈。

【例 4-1】如图 4-10 所示，圆柱表面遵守包容要求。写出该轴应满足的合格条件。

该轴应满足下列要求：

圆柱表面必须在最大实体边界（MMB）内。该边界的尺寸为最大实体尺寸 $\phi 20$mm。其局部实际尺寸 d_a 在 $\phi 19.97 \sim 20$mm 内。图 4-11 给出了表达上述关系的动态公差图。

（2）最大实体要求

最大实体要求适用于中心要素。它的情况比较复杂，通常分为最大实体要求用于被测要素、最大实体要求用于基准要素两大类。

① 图样标注　最大实体要求的符号为"$\textcircled{M}$"。当应用于被测要素，需在被测要素形位公差框格中的公差值后标注符号"$\textcircled{M}$"；当应用于基准要素时，应在形位公差框格内的基准字母代号后标注符号"$\textcircled{M}$"，如图 4-12 所示。

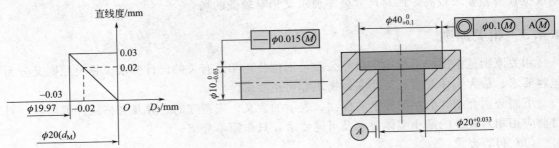

图 4-11　包容要求应用举例　　　　　　图 4-12　最大实体要求标注示例

② 被测实际轮廓遵守的理想边界　最大实体要求遵守的理想边界是最大实体实效边界。

③ 合格条件

$$轴 \quad d_{fe} \leqslant d_{MV} = d_{max} + t \quad\quad d_L(d_{min}) \leqslant d_a \leqslant d_M(d_{max})$$

$$孔 \quad D_{fe} \geqslant D_{MV} = D_{min} - t \quad\quad D_L(D_{max}) \geqslant D_a \geqslant D_M(D_{min})$$

④ 尺寸公差与形状公差的关系　最大实体要求用于被测要素时，被测要素的形位公差值是在该要素处于最大实体状态时给定的。如被测要素偏离最大实体状态，即其实际尺寸偏离最大实体尺寸时，尺寸偏离量可以补偿为形位公差，其最大增大量为该要素的尺寸公差。即

$$t_{补} = | MMS - d_a(D_a) |$$

⑤ 最大实体要求的应用　适用于中心要素。最大实体要求通常用于对机械零件配合性质要求不高，但要求顺利装配，即保证零件可装配性的场合，如轴承盖上用于连接螺钉的通孔等。

【例 4-2】 图 4-13 表示轴线直线度公差采用最大实体要求。写出该轴应满足的合格条件。

该轴应满足下列要求：

实际尺寸在 $\phi 19.7 \text{mm} \sim 20 \text{mm}$ 之内；

实际轮廓不超出最大实体实效边界，即其体外作用尺寸不大于最大实体实效尺寸 $d_{MMVS} = d_{MMS} + t = 20 + 0.1 = 20.1 \text{mm}$；

当该轴处于最小实体状态时，其轴线直线度误差允许达到最大值，即等于图样给出的直线度公差值（$\phi 0.1 \text{mm}$）与轴的尺寸公差（0.3mm）之和 $\phi 0.4 \text{mm}$。

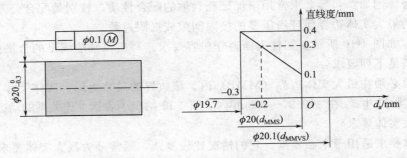

图 4-13　最大实体要求应用举例

（3）最小实体要求

最小实体要求是控制被测要素的实际轮廓处于其最小实体实效边界之内的一种公差要求。当被测要素实际状态偏离了最小实体状态时，允许被测要素的形位公差值增大。

① 图样标注　最小实体要求的符号为"Ⓛ"，当应用于被测要素，需在被测要素形位公差框格中的公差值后标注符号"Ⓛ"；当应用于基准要素时，应在形位公差框格内的基准字母代号后标注符号"Ⓛ"，如图 4-14 所示。

(a) 最小实体要求应用于被测要素　　　　(b) 最小实体要求同时应用于被测要素和基准要素

图 4-14　最小实体要求标注示例

② 实际轮廓遵守的理想边界　最小实体要求遵守的理想边界是最小实体实效边界。

③ 合格条件

$$\text{轴}\quad d_{fi} \geq d_{LV} = d_{min} - t \qquad d_L(d_{min}) \leq d_a \leq d_M(d_{max})$$
$$\text{孔}\quad D_{fi} \leq D_{LV} = D_{max} + t \qquad D_L(D_{max}) \geq D_a \geq D_M(D_{min})$$

④ 尺寸公差与形状公差的关系　最小实体要求用于被测要素时，被测要素的形位公差值是在该要素处于最小实体状态时给定的。如被测要素偏离最小实体状态，即其实际尺寸偏离最小实体尺寸时，尺寸偏离量可以补偿为形位公差，其最大增大量为该要素的尺寸公差。即

$$t_{补} = |\, LMS - d_a(D_a)\,|$$

⑤ 应用场合　适用于中心要素。主要用于需保证零件的强度和壁厚的场合。

（4）可逆要求

当中心要素的形位公差值小于给出的形位公差值时，允许在满足零件功能要求的前提下扩大该中心要素的轮廓要素的尺寸公差。

可逆要求不存在单独使用的情况。

① 图样标注　可逆要求可应用于最大实体要求，也可应用于最小实体要求，应用时在符号"Ⓜ"或"Ⓛ"后加注符号"Ⓡ"，如图 4-15 所示。

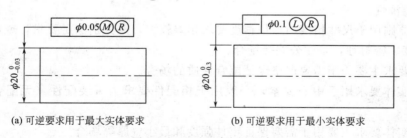

(a) 可逆要求用于最大实体要求　　　　(b) 可逆要求用于最小实体要求

图 4-15　可逆要求标注示例

② 被测实际轮廓遵守的理想边界　当被测要素同时应用最大实体要求和可逆要求时，被测要素遵守的边界仍是最大实体实效边界，与被测要素只应用最大实体要求时所遵守的边界相同。

当被测要素同时应用于最小实体要求和可逆要求时，被测要素遵守的理想边界是最小实体实效边界。

③ 尺寸公差与形状公差的关系　最大（小）实体要求应用于被测要素时，其尺寸公差与形位公差的关系反映了当被测要素的实体状态偏离了最大（小）实体状态时，可将尺寸公差的一部分或全部补偿给形状公差的关系。

可逆要求与最大（小）实体要求同时应用时，不仅具有上述的尺寸公差补偿给形位公差的关系，还具有当被测轴线或中心面的形位误差值小于给出的形位公差时，允许相应的尺寸公差增大的关系。

4.5　形位公差的选用

零件的形位误差对机器的正常使用有很大的影响，因此，合理、正确地选择形位公差，对保证机器的功能要求、提高经济效益是十分重要的。

在图样上是否给出形位公差要求，可按下述原则确定：凡形位公差要求用一般机床加工能保证的，不必注出，其公差值要求应按 GB/T 1184—1996《形状和位置公差 未注公差值》执行；凡形位公差有特殊要求（高于或低于 GB/T 1184—1996 规定的公差级别），则应按标准规定注出形位公差。

4.5.1　形位公差项目的选择

在形位公差的 14 个项目中，有单项控制的公差项目，如圆度、直线度、平面度等；也有综合控制的公差项目，如圆柱度、位置公差的各个项目。应充分发挥综合控制项目的职能，以减少图样上给出的形位公差项目及相应的形位误差检测项目。

在满足功能要求的前提下，应选用测量简便的项目。如：同轴度公差常常用径向全跳动公差或径向全跳动公差代替，这样使得测量方便。不过应注意，径向全跳动是同轴度误差与圆柱面形状误差的综合，故当同轴度由径向全跳动代替时，给出的全跳动公差值应略大于同轴度公差值，否则就会要求过严。

4.5.2　公差原则的选择

选择公差项目时，应根据被测要素的功能要求，充分发挥公差的职能和采取该公差原则的可行性、经济性。

① 独立原则用于尺寸精度与形位精度要求相差较大，需分别满足要求，或两者无联系，保证运动精度、密封性、未注公差等场合。

② 包容要求主要用于需要严格保证配合性质的场合。

③ 最大实体要求用于中心要素，一般用于相配件要求为可装配性（无配合性质要求）的场合。

④ 最小实体要求主要用于需要保证零件强度和最小壁厚等场合。

⑤ 可逆要求与最大（最小）实体要求联用，能充分利用公差带，扩大了被测要素实际尺寸的范围，提高了效益。在不影响使用性能的前提下可以选用。

4.5.3　形位公差值的选择

总的原则：在满足零件功能的前提下，选取最经济的公差值。

形位精度的高低是使用公差等级来表示的。按国家标准规定，对 14 项形位公差特征，除线、面轮廓度和位置度未规定公差等级外，其余 11 项均有规定。一般划分为 12 级，即 1~12 级，精度依次降低。仅圆度和圆柱度划分为 13 级，如表 4-8～表 4-11 所示（摘自 GB/T 1184—1996）。

表 4-8 直线度、平面度公差值　　　　　　　　　单位：μm

主参数 L /mm	公差等级											
	1	2	3	4	5	6	7	8	9	10	11	12
≤10	0.2	0.4	0.8	1.2	2	3	5	8	12	20	30	60
>10~16	0.25	0.5	1	1.5	2.5	4	6	10	15	25	40	80
>16~25	0.3	0.6	1.2	2	3	5	8	12	20	30	50	100
>25~40	0.4	0.8	1.5	2.5	4	6	10	15	25	40	60	120
>40~63	0.5	1	2	3	5	8	12	20	30	50	80	150
>63~100	0.6	1.2	2.5	4	6	10	15	25	40	60	100	200
>100~160	0.8	1.5	3	5	8	12	20	30	50	80	120	250
>160~250	1	2	4	6	10	15	25	40	60	100	150	300
>250~400	1.2	2.5	5	8	12	20	30	50	80	120	200	400
>400~630	1.5	3	6	10	15	25	40	60	100	150	250	500
>630~1000	2	4	8	12	20	30	50	80	120	200	300	600

注：主参数 L 为轴、直线、平面的长度。

表 4-9 圆度、圆柱度公差值　　　　　　　　　单位：μm

主参数 L、d(D) /mm	公差等级												
	0	1	2	3	4	5	6	7	8	9	10	11	12
≤3	0.1	0.2	0.3	0.5	0.8	1.2	2	3	4	6	10	14	25
>3~6	0.1	0.2	0.4	0.6	1	1.5	2.5	4	5	8	12	18	30
>6~10	0.12	0.25	0.4	0.6	1	1.5	2.5	4	6	9	15	22	36
>10~18	0.15	0.25	0.5	0.8	1.2	2	3	5	8	11	18	27	43
>18~30	0.2	0.3	0.6	1	1.5	2.5	4	6	9	13	21	33	52
>30~50	0.25	0.4	0.6	1	1.5	2.5	4	7	11	16	25	39	62
>50~80	0.3	0.5	0.8	1.2	2	3	5	8	13	19	30	46	74
>80~120	0.4	0.6	1	1.5	2.5	4	6	10	15	22	35	54	87
>120~180	0.6	1	1.2	2	3.5	5	8	12	18	25	40	63	100
>180~250	0.8	1.2	2	3	4.5	7	10	14	20	29	46	72	115
>250~315	1.0	1.6	2.5	4	6	8	12	16	23	32	52	81	130
>315~400	1.2	2	3	5	7	9	13	18	25	36	57	89	140
>400~500	1.5	2.5	4	6	8	10	15	20	27	40	63	97	155

注：主参数 d(D) 为轴（孔）的直径。

表 4-10 平行度、垂直度、倾斜度公差值　　　　　　　单位：μm

主参数 L、d(D) /mm	公差等级											
	1	2	3	4	5	6	7	8	9	10	11	12
≤10	0.4	0.8	1.5	3	5	8	12	20	30	50	80	120
>10~16	0.5	1	2	4	6	10	15	25	40	60	100	150
>16~25	0.6	1.2	2.5	5	8	12	20	30	50	80	120	200

主参数 L、$d(D)$ /mm	公差等级											
	1	2	3	4	5	6	7	8	9	10	11	12
>25～40	0.8	1.5	3	6	10	15	25	40	60	100	150	250
>40～63	1	2	4	8	12	20	30	50	80	120	200	300
>63～100	1.2	2.5	5	10	15	25	40	60	100	150	250	400
>100～160	1.5	3	6	12	20	30	50	80	120	200	300	500
>160～250	2	4	8	15	25	40	60	100	150	250	400	600
>250～400	2.5	5	10	20	30	50	80	120	200	300	500	800
>400～630	3	6	12	25	40	60	100	150	250	400	600	1000
>630～1000	4	8	15	30	50	80	120	200	300	500	800	1200

注：1. 主参数 L 为给定平行度时轴线或平面的长度，或给定垂直度、倾斜度时被测要素的长度。

2. 主参数 $d(D)$ 为给定面对线垂直度时，被测要素的轴（孔）直径。

表 4-11　同轴度、对称度、圆跳动和全跳动公差值　　　　　单位：μm

主参数 $d(D)$、B、L/mm	公差等级											
	1	2	3	4	5	6	7	8	9	10	11	12
≤1	0.4	0.6	1.0	1.5	2.5	4	6	10	15	25	40	60
>1～3	0.4	0.6	1.0	1.5	2.5	4	6	10	20	40	60	120
>3～6	0.5	0.8	1.2	2	3	5	8	12	25	50	80	150
>6～10	0.6	1	1.5	2.5	4	6	10	15	30	60	100	200
>10～18	0.8	1.2	2	3	5	8	12	20	40	80	120	250
>18～30	1	1.5	2.5	4	6	10	15	25	50	100	150	300
>30～50	1.2	2	3	5	8	12	20	30	60	120	200	400
>50～120	1.5	2.5	4	6	10	15	25	40	80	150	250	500
>120～250	2	3	5	8	12	20	30	50	100	200	300	600
>250～500	2.5	4	6	10	15	25	40	60	120	250	400	800

注：1. 主参数 $d(D)$ 为给定同轴度时轴直径，或给定圆跳动、全跳动时轴（孔）直径。

2. 圆锥体斜向圆跳动公差的主参数为平均直径。

3. 主参数 B 为给定对称度时槽的宽度。

4. 主参数 L 为给定两孔对称度时的孔心距。

对于位置度，由于被测要素类型繁多，国家标准只规定了公差值数系，而未规定公差等级，如表 4-12 所示。

表 4-12　位置度公差值数系表　　　　　单位：μm

1	1.2	1.5	2	2.5	3	4	5	6	8
1×10^n	1.2×10^n	1.5×10^n	2×10^n	2.5×10^n	3×10^n	4×10^n	5×10^n	6×10^n	8×10^n

形位公差值（公差等级）常用类比法确定。主要考虑零件的使用性能、加工的可能性和经济性等因素。表 4-13～表 4-16 可供类比时参考。

表 4-13　直线度、平面度公差等级应用

公差等级	应用举例
5	1 级平板，2 级宽平尺，平面磨床的纵导轨、垂直导轨、立柱导轨及工作台，液压龙门刨床和转塔车床床身导轨，柴油机进气、排气阀门导杆
6	普通机床导轨面，如卧式车床、龙门刨床、滚齿机、自动车床等的床身导轨、立柱导轨、柴油机壳体
7	2 级平板，机床主轴箱，摇臂钻床底座和工作台，镗床工作台，液压泵盖，减速器壳体结合面
8	机床传动箱体，交换齿轮箱体，车床溜板箱体，柴油机汽缸体，连杆分离面，缸盖结合面，汽车发动机缸盖，曲轴箱结合面，液压管件和法兰连接面
9	3 级平板，自动车床床身底面，摩托车曲轴箱体，汽车变速器壳体，手动机械的支撑面

表 4-14　圆度、圆柱度公差等级应用

公差等级	应用举例
5	一般计量仪器主轴，测杆外圆柱面，陀螺仪轴颈，一般机床主轴轴颈及主轴轴承孔，柴油机、汽油机活塞、活塞销，与 E 级滚动轴承配合的轴颈
6	仪表端盖外圆柱面，一般机床主轴及前轴承孔，泵、压缩机的活塞，汽缸，汽油发动机凸轮轴，纺机锭子，减速传动轴轴颈，高速船用柴油机、拖拉机曲轴主轴颈，与 E 级滚动轴承配合的外壳孔，与 G 级滚动轴承配合的轴颈
7	大功率低速柴油机曲轴轴颈、活塞、活塞销、连杆、汽缸，高速柴油机箱体轴承孔，千斤顶或压力油缸活塞，机车传动轴，水泵及通用减速器转轴轴颈，与 G 级滚动轴承配合的外壳孔
8	低速发动机、大功率曲柄轴轴颈，压气机连杆盖体，拖拉机汽缸、活塞，炼胶机冷铸轴辊，印刷机传墨辊，内燃机曲轴轴颈，柴油机凸轮轴轴承孔，凸轮轴，拖拉机、小型船用柴油机汽缸套
9	空气压缩机缸体，液压传动筒，通用机械杠杆与拉杆用套筒销子，拖拉机活塞环、套筒孔

表 4-15　平行度、垂直度、倾斜度公差等级应用

公差等级	应用举例
4，5	卧式车床导轨，重要支承面，机床主轴孔对基准的平行度，精密机床重要零件，计量仪器、量具、模具的基准面和工作面，主轴箱体重要孔，通用减速器壳体孔，齿轮泵的油孔端面，发动机轴和离合器的凸缘，汽缸支承端面，安装精密滚动轴承的壳体孔的凸肩
6，7，8	一般机床的基准面和工作面，压力机和锻锤的工作面，中等精度钻模的工作面，机床一般轴承孔对基准面的平行度，变速箱体孔，主轴花键对定心直径部位轴线的平行度，重型机械轴承盖端面，卷扬机、手动转动装置中的传动轴，一般导轨，主轴箱孔，刀架，砂轮架，汽缸配合面对基准轴线，活塞销孔对活塞中心线的垂直度，滚动轴承内、外圈端面对轴线的垂直度
9，10	低精度零件，重型机械滚动轴承端盖，柴油机、煤气发动机箱体曲轴孔、曲轴颈，花键轴和轴肩端面，带运输机法兰盘端面对轴线的垂直度，手动卷扬机及传动装置中的轴承端面，减速机壳体平面

表 4-16　同轴度、对称度、跳动公差等级应用

公差等级	应用举例
5，6，7	这是应用范围较广的公差等级，用于形位精度要求较高，尺寸公差等级为 IT8 及高于 IT8 的零件。5 级常用于机床轴颈，计量仪器的测量杆，汽轮机主轴，柱塞油泵转子，高精度滚动轴承外圈，一般精度滚动轴承内圈，回转工作台端面圆跳动。7 级用于内燃机曲轴、凸轮轴、齿轮轴、水泵轴，汽车后轮输出轴，电动机转子，印刷机传墨辊的轴颈，键槽
8，9	常用于形位精度要求一般，尺寸公差等级为 IT9 级及高于 IT11 级的零件。8 级用于拖拉机发动机分配轴轴颈，与 9 级精度以下齿轮相配的轴，水泵叶轮，离心泵体，棉花精梳机前、后滚子，键槽等。9 级用于内燃机汽缸套配合面，自行车中轴

在确定形位公差值（公差等级）时，还应注意下列问题。

① 同一要素给出的形状公差值应小于位置公差值，如要求平行的两个平面，其平面度公差值应小于平行度公差值。

② 圆柱形零件的形状公差值（轴线的直线度除外）应小于其尺寸公差值。

③ 平行度公差值应小于其相应的距离公差值。

④ 对于以下情况，考虑到加工的难易程度和除主参数以外的其他因素的影响，在满足零件功能要求的情况下，适当降低1～2级选用：孔相对于轴；细长的轴或孔；距离较大的孔或轴；宽度较大（一般大于1/2长度）的零件表面；线对线、线对面相对于面对面的平行度、垂直度公差。

⑤ 凡有关标准已对形位公差作出规定的，如与滚动轴承相配合的轴和壳体孔的圆柱度公差、机床导轨的直线度公差等，都应按相应的标准确定。

4.5.4　未注形位公差值的规定

应用未注公差的总原则是：实际要素的功能允许形位公差等于或大于未注公差值，一般不需要单独注出，而采用未注公差。如功能要求允许大于未注公差值，而这个较大的公差值会给工厂带来经济效益，则可将这个较大的公差值单独标注在要素上，因此，未注公差值是一般机床或中等制造精度就能保证的形位精度，为了简化标注，不必在图样上注出的形位公差。形位未注公差按以下规定执行。

① 未注直线度、垂直度、对称度和圆跳动各规定了H、K、L三个公差等级，如表4-17～表4-20所示（摘自GB/T 1184—1996）。采用规定的未注公差值时，应在技术要求中注出如"GB/T1184—K"之类的内容。

② 未注圆度公差值等于直径公差值，但不得大于表4-20中的圆跳动的未注公差值。

③ 未注圆柱度公差不作规定，由构成圆柱度的圆度、直线度和相应线的平行度的公差控制。

④ 未注平行度公差值等于尺寸公差值或直线度和平面度公差值中较大者。

表 4-17　直线度、平面度未注公差值　　　　　单位：mm

公差等级	基本长度范围					
	≤10	>10～30	>30～100	>100～300	>300～1000	>1000～3000
H	0.02	0.05	0.1	0.2	0.3	0.4
K	0.05	0.1	0.2	0.4	0.6	0.8
L	0.1	0.2	0.4	0.8	1.2	1.6

表 4-18　垂直度未注公差值　　　　　单位：mm

公差等级	基本长度范围			
	≤100	>100～300	>300～1000	>1000～3000
H	0.2	0.3	0.4	0.5
K	0.4	0.6	0.8	1
L	0.6	1	1.5	2

注：取形成直角的两边中较长的一边作为基准要素，较短的一边作为被测要素；若两边的长度相等，则可取其中任意一边作为基准要素。

表 4-19　对称度未注公差值　　　　　　　　　　　　　　　　　　　单位：mm

公差等级	基本长度范围			
	≤100	>100～300	>300～1000	>1000～3000
H	0.5			
K	0.6		0.8	1
L	0.6	1	1.5	2

注：取两要素中较长者作为基准要素，较短者作为被测要素；若两要素的长度相等，则可取其中任意一要素作为基准要素。

表 4-20　圆跳动未注公差值　　　　　　　　　　　　　　　　　　　单位：mm

公差等级	圆跳动公差值
H	0.1
K	0.2
L	0.5

⑤ 未注同轴度公差值未作规定。必要时，可取同轴度的未注公差值等于圆跳动的未注公差值（表 4-20）。

⑥ 未注线轮廓度、面轮廓度、倾斜度、位置度和全跳动的公差值均由各要素的注出或未注出的尺寸或角度公差控制。

⑦ 未注全跳动公差值未作规定。端面全跳动未注公差值等于端面对轴线的垂直度未注公差值；径向全跳动可由径向圆跳动和相对素线的平行度控制。

本章小结

几何公差是机械精度设计的重要内容，也是本教材的基础和重点。本章的重点如下。

（1）14 个形状和位置公差特征项目的名称及符号。

（2）分析典型的形状和位置公差带的形状、大小、方向和位置，并比较形状公差带、定向公差带、定位公差带和跳动公差带的特点。

（3）独立原则、相关要求在图样上的标注、含义、检测手段和主要应用场合。

（4）标准中有关形状和位置公差的公差等级和未注形状和位置公差的规定。

（5）形状和位置公差的选用方法，包括特征项目、公差数值及公差原则的选择。

（6）形状和位置公差在图样上的正确标注。

思考题与练习

4-1　几何公差特征共有几项？其名称和符号是什么？

4-2　几何公差的公差带有哪几种主要形式？

4-3　公差原则有哪几种？其使用情况有何差异？

4-4　当被测要素遵守包容要求或最大实体要求后其实际尺寸的合格性如何判断？

4-5　最大实体状态和最大实体实效状态的区别是什么？

4-6 形位公差值选择原则是什么？选择时考虑哪些情况？

4-7 识读图 4-16 所示阶梯轴所注的形位公差的含义。

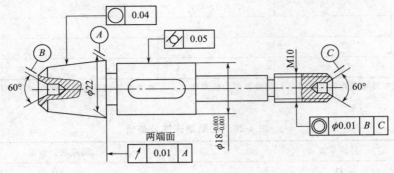

图 4-16 题 4-7 图

4-8 将图 4-17 所示零件所列精度要求标注在图样上。

① 内孔尺寸为 $\phi30H7$，遵守包容要求；

② 圆锥面的圆度公差为 0.01mm，母线的直线度公差为 0.01mm；

③ 圆锥面对内孔的轴线的斜向圆跳动公差为 0.02mm；

④ 内孔的轴线对右端面垂直度公差为 0.01mm；

⑤ 左端面对右端面的平行度公差为 0.02mm。

4-9 指出图 4-18 中各项形位公差标注上的错误，并加以改正（不改变形位公差特征符号）。

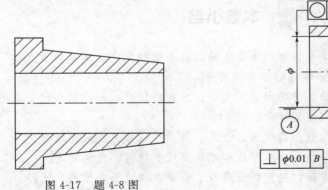

图 4-17 题 4-8 图　　　　　　　图 4-18 题 4-9 图

4-10 按图 4-19 的标注填入表 4-21 中。

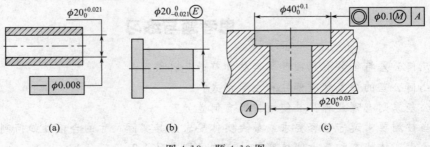

(a)　　　　　　(b)　　　　　　　(c)

图 4-19 题 4-10 图

表 4-21　题 4-10 表

图例	采用公差原则	边界及边界尺寸/mm	给定的形位公差/mm	可能允许的最大形位误差值/mm
(a)				
(b)				
(c)				

第 **5** 章

表面粗糙度与检测

零件或工件的表面是指物体与周围介质区分的物理边界，加工形成的实际表面一般都存在误差。按加工面的表面特征，误差可以分为微观几何形状误差、表面粗糙度误差、基本轮廓误差、表面形状误差、中间几何形状误差、表面波纹度误差及表面缺陷。

本章重点介绍表面粗糙度的相关参数及其应用。涉及的国家标准有：① GB/T 3505—2009《产品几何技术规范（GPS）　表面结构　轮廓法　术语、定义及表面结构参数》。② GB/T 10610—2009《产品几何技术规范（GPS）　表面结构　轮廓法　评定表面结构的规则和方法》。③ GB/T 131—2006《产品几何技术规范（GPS）　技术产品文件中表面结构的表示法》。

5.1　概　　述

5.1.1　表面粗糙度定义

表面粗糙度是反映零件表面微观几何形状误差的一个重要指标，在机械加工过程中，由于刀具或砂轮切削后遗留的刀痕、切削过程中切屑分离时的塑性变形，以及机床和刀具的振动等原因，会使被加工零件的表面存在一定的几何形状误差。其中造成零件表面的凹凸不平，形成微观几何形状误差的较小间距（通常波距＜1mm）的峰谷，称为表面粗糙度。它与表面形状误差（宏观几何形状误差）和表面波纹度的区别，大致可按波距划分。通常在1mm≤波距≤10mm 的属于表面波纹度，波距＞10mm 的属于形状误差，如图 5-1 所示。

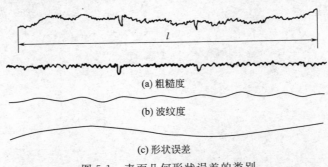

(a) 粗糙度

(b) 波纹度

(c) 形状误差

图 5-1　表面几何形状误差的类别

5.1.2　表面粗糙度对零件性能的影响

表面粗糙度对零件性能及其寿命影响较大，尤其对在高温、高速和高压条件下工作的机械零件影响更大，其影响主要表现如下。

（1）影响零件的耐磨性

具有表面粗糙度的两个零件，当它们接触并产生相对运动时只是一些峰顶间的接触，从而减少了接触面积，比压增大，使磨损加剧。零件越粗糙，阻力就越大，零件磨损也越快。但需指出，零件表面越光滑，磨损量不一定越小。因为零件的耐磨性除受表面粗糙度影响外，还与磨损下来的金属微粒的刻划，以及润滑油被挤出和分子间的吸附作用等因素有关。所以，过于光滑表面的耐磨性不一定好。

（2）影响配合性质

对于间隙配合，相对运动的表面因其粗糙不平而迅速磨损，致使间隙增大；对于过盈配合，表面轮廓峰顶在装配时易被挤平，实际有效过盈减小，致使连接强度降低。因此，表面粗糙度影响配合性质的可靠性和稳定性。

（3）影响零件的抗疲劳强度

零件表面越粗糙，凹痕越深，波谷的曲率半径也越小，对应力集中越敏感。特别是当零件承受交变载荷时，由于应力集中的影响，使疲劳强度降低，导致零件表面产生裂纹而损坏。

（4）影响机器零件间的工作精度

由于两表面接触时，实际接触面仅为理想接触面积的一部分。零件表面越粗糙，实际接触面积就越小，单位面积压力增大，零件表面局部变形必然增大，接触刚度降低，影响零件的工作精度和抗震性。

（5）影响零件的抗腐蚀性

粗糙的表面，易使腐蚀性物质存积在表面的微观凹谷处，并渗入到金属内部，致使腐蚀加剧。因此，提高零件表面粗糙度的质量，可以增强其抗腐蚀的能力。

此外，表面粗糙度大小还对零件结合的密封性；对流体流动的阻力；对机器、仪器的外观质量及测量精度等都有很大影响。

为提高产品质量，促进互换性生产，适应国际交流和对外贸易，保证机械零件的使用性能，应正确贯彻实施新的表面粗糙度标准。到目前为止，我国常用的表面粗糙度国家标准为：GB/T 3505—2009《产品几何技术规范（GPS）表面结构 轮廓法 表面结构的术语、定义及参数》；GB/T 1031—2009《产品几何技术规范（GPS）表面粗糙度　参数及其数值》；GB/T 131—2006《产品几何技术规范（GPS）技术产品文件中表面结构的表示法》；GB/T 10610—2009《产品几何技术规范（GPS）表面结构轮廓法评定表面结构的规则和方法等》。

5.2　表面粗糙度的评定

零件表面的表面粗糙度能否满足使用要求，需要进行测定和评定。由于加工表面的不均匀性，在评定表面粗糙度时，需要规定取样长度和评定长度等技术参数。

5.2.1 基本术语

(1) 轮廓滤波器

把轮廓分成长波和短波成分的滤波器。长波滤波器和短波滤波器分别用 λ_c 和 λ_s 表示。确定粗糙度与波纹度成分之间相交界限的滤波器即长波滤波器 λ_c。

(2) 传输带

传输带是两个定义的滤波器之间的波长范围，例如可表示为：$0.00025 \sim 0.8$。

(3) 取样长度

取样长度 (lr) 是用于判别被评定轮廓的不规则特征的 X 轴方向上的长度，即测量或评定表面粗糙度时所规定的一段基准线长度，它至少包含 5 个以上轮廓峰和谷，取样长度 lr 在数值上与 λ_c 滤波器的标志波长相等，X 轴的方向与轮廓走向一致。

取样长度值的大小对表面粗糙度测量结果有影响。一般表面越粗糙，取样长度就越大。

(4) 评定长度

评定长度 (ln) 是用于判别被评定轮廓的 X 轴方向上的长度。由于零件表面粗糙度不均匀，为了合理地反映其特征，在测量和评定时所规定的一段最小长度称为评定长度 (ln)。

一般情况下，取 $ln = 5lr$，称为"标准长度"，如果评定长度取为标准长度，则不需在表面粗糙度代号中注明。当然，根据情况，也可取非标准长度，此时则需在表面粗糙度代号中注明，如果被测表面均匀性较好，测量时，可选 $ln < 5lr$；若均匀性差，可选 $ln > 5lr$。

(5) 中线

用轮廓滤波器 λ_c 抑制了长波轮廓成分相对应的中线。轮廓中线是具有几何轮廓形状并划分轮廓的基准线，基准线有下列两种。

① 轮廓最小二乘中线 轮廓最小二乘中线是指在取样长度内，使轮廓线上各点轮廓偏距 y_i 的平方和为最小的线，即 $\int_0^{lr} y_i^2 \mathrm{d}x$ 为最小，轮廓偏距的测量方向为 y。如图 5-2 所示。

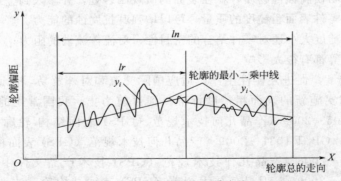

图 5-2 轮廓的最小二乘中线

② 轮廓算术平均中线 轮廓算术平均中线是指在取样长度内，划分实际轮廓为上、下两部分，且使上下两部分面积相等的线，即 $F_1 + F_2 + \Lambda + F_n = F'_1 + F'_2 + \Lambda + F'_n$，如图 5-3 所示。

在轮廓图形上确定最小二乘中线的位置比较困难，可用轮廓算术平均中线代替，通常用目测估计确定算术平均中线。

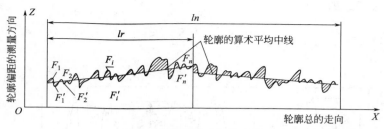

图 5-3　轮廓算术平均中线

5.2.2　几何参数

为了满足对零件表面不同的功能要求，国标 GB/T 3505—2009 从表面微观几何形状幅度、间距和形状等三个方面的特征，规定了相应的评定几何参数。

（1）幅度参数（高度参数）

① 评定轮廓的算术平均偏差 Ra：在一个取样长度内纵坐标值 $Z(x)$ 绝对值的算术平均值，如图 5-4 所示，用 Ra 表示。即

$$Ra = \frac{1}{lr} \int_0^{lr} |Z(x)| \, dx \tag{5-1}$$

或近似为

$$Ra = \frac{1}{n} \sum_{i=1}^n |Z_i| \tag{5-2}$$

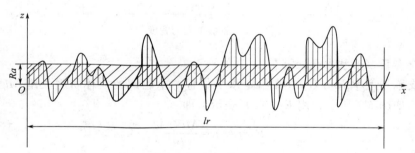

图 5-4　轮廓的算术平均偏差

测得的 Ra 值越大，则表面越粗糙。Ra 能客观地反映表面微观几何形状误差，但因受到计量器具功能限制，不宜用作过于粗糙或太光滑表面的评定参数。

② 轮廓的最大高度 Rz：在一个取样长度内，最大轮廓峰高 Zp 和最大轮廓谷深 Zv 之和的高度，如图 5-5 所示，用 Rz 表示。即

$$Rz = Zp + Zv \tag{5-3}$$

式中，Zp、Zv 都取正值。

幅度参数（Ra、Rz）是标准规定必须标注的参数（二者只需取其一），故又称为基本参数。

（2）间距参数

轮廓单元的平均宽度 RSm：在一个取样长度内轮廓单元宽度 XS 的平均值，如图 5-6

所示，用 RSm 表示。即

$$RSm = \frac{1}{m}\sum_{i=1}^{m} XS_i \tag{5-4}$$

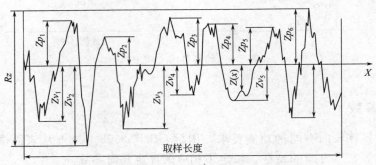

图 5-5 轮廓的最大高度

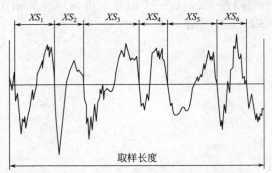

图 5-6 轮廓单元的宽度

（3）混合参数（形状参数）

轮廓的支承长度率 $Rmr(c)$：在给定水平位置 c 上轮廓的实体材料长度 $Ml(c)$ 与评定长度的比率，如图 5-7 所示，用 $Rmr(c)$ 表示，即

$$Rmr(c) = \frac{Ml(c)}{ln} \tag{5-5}$$

所谓轮廓的实体材料长度 $Ml(c)$，是指在评定长度内，一平行于 X 轴的直线从峰顶线向下移一水平截距 c 时，与轮廓相截所得的各段截线长度之和，如图 5-7（a）所示。即

$$Ml(c) = b_1 + b_2 + \Lambda + b_i + \Lambda + b_n = \sum_{i=1}^{n} b_i \tag{5-6}$$

轮廓的水平截距 c 可用微米或用它占轮廓最大高度百分比表示。由图 5-7（a）可以看出，支承长度率是随着水平截距的大小而变化的，其关系曲线称支承长度率曲线，如图 5-7（b）所示。支承长度率曲线能明显反映出表面耐磨性，即从中可以明显看出支承长度的变化趋势，且比较直观。

间距参数 RSm 与混合参数 $Rmr(c)$，相对基本参数而言，称为附加参数，其应用限于零件重要表面并有特殊使用要求时。

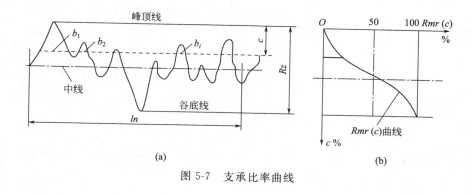

图 5-7　支承比率曲线

5.3　表面粗糙度轮廓的设计

5.3.1　表面粗糙度轮廓的参数数值

表面粗糙度的参数值已经标准化，设计时应按国家标准 GB/T 1031—2009《产品几何技术规范（GPS）表面粗糙度 参数及其数值》规定的参数值系列选取。

幅度参数值列于表 5-1 和表 5-2，间距参数值列于表 5-3，混合参数值列于表 5-4。

表 5-1　Ra 的数值（摘自 GB/T 1031—2009）　　　　单位：μm

| 0.012 | 0.050 | 0.20 | 0.80 | 3.2 | 12.5 | 50 |
| 0.025 | 0.100 | 0.40 | 1.60 | 6.3 | 25 | 100 |

表 5-2　Rz 的数值（摘自 GB/T 1031—2009）　　　　单位：μm

0.025	0.20	1.60	12.5	100	800
0.050	0.40	3.2	25	200	1600
0.100	0.80	6.3	50	400	—

表 5-3　RSm 的数值（摘自 GB/T 1031—2009）　　　　单位：μm

| 0.006 | 0.025 | 0.100 | 0.40 | 1.60 | 6.3 |
| 0.0125 | 0.050 | 0.20 | 0.80 | 3.2 | 12.5 |

表 5-4　Rmr（c）（%）的数值（摘自 GB/T 1031—2009）　　　　单位：μm

| 10 | 15 | 20 | 25 | 30 | 40 | 50 | 60 | 70 | 80 | 90 |

注：选用 $Rmr(c)$ 时，必须同时给出轮廓水平截距 c 的数值。c 值多用 Rz 的百分数表示，其系列如下：5%，10%，15%，20%，25%，30%，40%，50%，60%，70%，80%，90%。

在一般情况下测量 Ra 和 Rz 时，推荐按表 5-5 选用对应的取样长度及评定长度值，此时在图样上可省略标注取样长度值。当有特殊要求不能选用表 5-5 中数值时，应在图样上标注出取样长度值。

表 5-5　*lr* 和 *ln* 的数值（摘自 GB/T 1031—2009）

$Ra/\mu m$	$Rz/\mu m$	lr/mm	$ln/\text{mm}(ln=5lr)$
≥0.008~0.02	≥0.025~0.10	0.08	0.4
>0.02~0.10	>0.10~0.50	0.25	1.25
>0.10~2.0	>0.50~10.0	0.8	4.0
>2.0~10.0	>10.0~50.0	2.5	12.5
>10.0~80.0	>50.0~320	8.0	40.0

5.3.2　表面粗糙度的选用

（1）表面粗糙度参数的选用

① 对幅度参数的选用　一般情况下可以从幅度参数 Ra 和 Rz 中任选一个，但在常用值范围内（Ra 为 $0.025\sim6.3\mu m$），优先选用 Ra。因为通常采用电动轮廓仪测量零件表面的 Ra 值，其测量范围为 $0.02\sim8\mu m$。

Rz 通常用光学仪器——双管显微镜或干涉显微镜测量。粗糙度要求特别高或特别低（$Ra<0.025\mu m$ 或 $Ra>6.3\mu m$）时，选用 Rz。Rz 用于测量部位小、峰谷小或有疲劳强度要求的零件表面的评定。

如图 5-8 所示，三种表面的轮廓最大高度参数相同，而使用质量显然不同，由此可见，只用幅度参数不能全面反映零件表面微观几何形状误差。

图 5-8　微观形状对质量的影响

② 对间距参数的选用　对附加评定参数 RSm 和 $Rmr(c)$，一般不能作为独立参数选用，只有少数零件的重要表面且有特殊使用要求时才附加选用。

RSm 主要在对涂漆性能，冲压成型时抗裂纹、抗振、抗腐蚀、减小流体流动摩擦阻力等有要求时选用。

③ 对混合参数的选用　支承长度率 $Rmr(c)$ 主要在耐磨性、接触刚度要求较高等场合附加选用。

（2）参数值的选用

表面粗糙度参数值的选用原则是满足功能要求，其次是考虑经济性及工艺的可能性。在满足功能要求的前提下，参数的允许值应尽可能大些（除 $Rmr(c)$ 外）。在工程实际中，由于表面粗糙度和功能的关系十分复杂，因而很难准确地确定参数的允许值，在具体设计时，一般多采用经验统计资料，用类比法来选用。

根据类比法初步确定表面粗糙度后，再对比工作条件做适当调整。这时应注意下述一些原则。

① 同一零件上，工作表面的 Ra 或 Rz 值比非工作表面小。

② 摩擦表面 Ra 或 Rz 值比非摩擦表面小。

③ 运动速度高、单位面积压力大以及受交变应力作用的重要零件的圆角沟槽的表面粗

糙度要求应较高。

④ 配合性质要求高的配合表面（如小间隙配合的配合表面）、受重载荷作用的过盈配合表面的表面粗糙度要求应较高。

⑤ 在确定表面粗糙度参数值时，应注意它与尺寸公差和形位公差协调。尺寸公差值和形位公差值越小，表面粗糙度的 Ra 或 Rz 值应越小，同一公差等级时，轴的粗糙度 Ra 或 Rz 值应比孔小。

⑥ 要求防腐蚀、密封性能好或外表美观的表面粗糙度要求应较高。

⑦ 凡有关标准已对表面粗糙度要求作出规定的（如与滚动轴承配合的轴颈和外壳孔的表面粗糙度），则应按该标准确定表面粗糙度参数值。

通常尺寸公差、表面形状公差小时，表面粗糙度要求也高。但表面粗糙度参数值和尺寸公差、表面形状公差之间并不存在确定的函数关系，如手轮、手柄的尺寸公差较大，但表面粗糙度要求却较高。一般情况下，它们之间有一定的对应关系。设表面形状公差值为 T，尺寸公差值为 IT，可参照以下对应关系：

若 $T \cong 0.6IT$，则 $Ra \leqslant 0.05IT$；$Rz \leqslant 0.2IT$。

若 $T \cong 0.41IT$，则 $Ra \leqslant 0.025IT$；$Rz \leqslant 0.1IT$。

若 $T \cong 0.25IT$，则 $Ra \leqslant 0.012IT$；$Rz \leqslant 0.05IT$。

若 $T \leqslant 0.25IT$，则 $Ra \leqslant 0.015IT$；$Rz \leqslant 0.6IT$。

此外，还应考虑其他一些特殊因素和要求。如凡有关标准已对表面粗糙度作出规定的标准件或常用典型零件，均应按相应的标准确定其表面粗糙度参数值。表 5-6 为表面粗糙度参数值应用实例。

表 5-6　表面粗糙度参数值应用实例

$Ra/\mu m$	$Rz/\mu m$	加工方法	应用举例
$\leqslant 80$	$\leqslant 320$	粗车、粗刨、粗铣、钻、毛锉、锯断	粗糙工作面，一般很少用
$\leqslant 20$	$\leqslant 80$		粗加工表面，如轴端面、倒角、螺钉和铆钉孔表面、齿轮及带轮侧面、键槽底面，焊接前焊缝表面
$\leqslant 10$	$\leqslant 40$	车、刨、铣、镗、钻、粗铰	轴上不安装轴承、齿轮处的非配合表面，筋骨间的自由装配表面，轴和孔的退刀槽等
$\leqslant 5$	$\leqslant 20$	车、刨、铣、镗、磨、拉、粗刮、滚压	半精加工表面，箱体、支架、套筒等和其他零件结合而无配合要求的表面，需要发蓝的表面，机床主轴的非工作表面
$\leqslant 2.5$	$\leqslant 10$	车、刨、铣、镗、磨、拉、刮、滚压、铣齿	接近于精加工表面，衬套、轴承、定位销的压入孔表面，中等精度齿轮齿面，低速传动的轴颈、电镀前金属表面等
$\leqslant 1.25$	$\leqslant 6.3$	车、镗、磨、拉、刮、精铰、滚压、磨齿	圆柱销、圆锥销，与滚动轴承配合的表面，普通车床导轨面，内、外花键定心表面，中速转轴轴颈等
$\leqslant 0.63$	$\leqslant 3.2$	精镗、磨、刮、精铰、滚压	要求配合性质稳定的配合表面，较高精度车床的导轨面，高速工作的轴颈及衬套工作表面
$\leqslant 0.32$	$\leqslant 1.6$	精磨、珩磨、研磨、超精加工	精密机床主轴锥孔，顶尖锥孔，发动机曲轴表面，高精度齿轮齿面，凸轮轴表面等

续表

$Ra/\mu m$	$Rz/\mu m$	加工方法	应用举例
≤0.16	≤0.8	精磨、研磨、普通抛光	活塞表面,仪器导轨表面,液压阀的工作面,精密滚动轴承的滚道
≤0.08	≤0.4		精密机床主轴颈表面,量规工作面,测量仪器的摩擦面,滚动轴承的钢球、滚珠表面
≤0.04	≤0.2	超精磨、精抛光、镜面磨削	特别精密或高速滚动轴承的滚道、钢球、滚珠表面,测量仪器中的中等精度配合表面,保证高度气密的结合表面
≤0.02	≤0.1	镜面磨削、超精研	精密仪器的测量面,仪器中的高精度配合表面,大于100mm的量规工作表面等
≤0.01	≤0.05		高精度量仪、量块的工作表面,光学仪器中的金属镜面,高精度坐标镗床中的镜面尺等

5.4 表面粗糙度轮廓符号、代号及其标注

图样上所标注的表面粗糙度符号、代号,是该表面完工后的要求。表面粗糙度的标注应符合国家标准 GB/T 131—2006 的规定。

5.4.1 表面粗糙度轮廓的符号及含义

图样上表示的零件表面粗糙度符号及其说明见表 5-7。若仅需要加工(采用去除材料的方法或不去除材料的方法)但对表面粗糙度的其他规定没有要求时,允许只注表面粗糙度符号。

表 5-7 表面粗糙度轮廓符号及其含义(摘自 GB/T 131—2006)

符　　号	意义及说明
	基本符号,表示表面可用任何方法获得。当不加注粗糙度参数值或有关说明时,仅适用于简化代号标注
	基本符号加一短划,表示表面是用去除材料的方法获得。例如:车、铣、钻、磨、电加工等
	基本符号加一小圆,表示表面是用不去除材料的方法获得,例如:铸、锻、冲压变形、热轧、粉末冶金等。或用于保持原供应状况的表面(包括保持上道工序的状况)
	在上述三个符号的长边上均可加一横线,用于标注有关参数和说明
	在上述三个符号上均可加一小圆,表示所有表面具有相同的表面粗糙度要求

5.4.2 表面粗糙度的标注

表面粗糙度的代号、数值及其有关规定在符号中注写的位置如图 5-9 所示。当允许在表面粗糙度参数的所有实测值中超过规定值的个数少于总数的 16％ 时，应在图样上标注表面粗糙度参数的上限值或下限值，称"16％规则"。当要求在表面粗糙度参数的所有实测值中不得超过规定值时，应在图样上标注表面粗糙度参数的最大值或最小值。

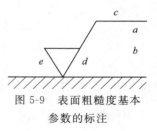

图 5-9 表面粗糙度基本参数的标注

（1）表面粗糙度基本参数的标注

a：传输带或取样长度（单位为 mm）/粗糙度参数代号及其数值（第一个表面结构要求，单位为 μm）；

b：粗糙度参数代号及其数值（第二个表面结构要求）；

c：加工要求、镀覆、涂覆、表面处理或其他说明等；

d：加工纹理方向符号，见表 5-8；

e：加工余量（单位为 mm）；

表 5-8 加工纹理符号及说明（摘自 GB/T 131—2006）

符号	示意图	符号	示意图
＝	纹理方向 纹理平行于标注代号的投影面	X	纹理方向 纹理呈两相交的方向
⊥	纹理方向 纹理垂直于标注代号的投影面	C	纹理近似为以表面的中心为圆心的同心圆
P	纹理无方向或呈突起的细粒状	R	纹理近似为通过表面中心的辐线

（2）表面粗糙度附加参数的标注

表面粗糙度的间距参数和混合特性参数为附加参数，图 5-10（a）为 RSm 上限值的标注示例；图 5-10（b）为 RSm 最大值的标注示例；图 5-10（c）为 Rmr（c）的标注示例，表示水平截距 c 在 Rz 的 50％ 位置上，Rmr（c）为 70％，此时 Rmr（c）为下限值；图 5-10（d）为 Rmr（c）最小值的标注示例。

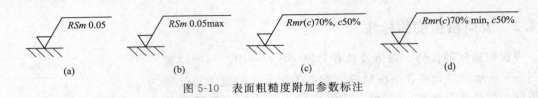

图 5-10　表面粗糙度附加参数标注

5.4.3　表面粗糙度的标注实例

表面粗糙度参数标注示例见表 5-9。

表 5-9　表面粗糙度参数的标注实例（摘自 GB/T 131—2006）

代　号	意　义	代　号	意　义
$Ra\ 3.2$	用任何方法获得的表面粗糙度，Ra 的上限值为 $3.2\mu m$	$Ra_{max}\ 3.2$	用任何方法获得的表面粗糙度，Ra 的最大值为 $3.2\mu m$
$Ra\ 3.2$	用去除材料方法获得的表面粗糙度，Ra 的上限值为 $3.2\mu m$	$Ra_{max}\ 3.2$	用去除材料方法获得的表面粗糙度，Ra 的最大值为 $3.2\mu m$
$Ra\ 3.2$	用不去除材料方法获得的表面粗糙度，Ra 的上限值为 $3.2\mu m$	$Ra_{max}\ 3.2$	用不去除材料方法获得的表面粗糙度，Ra 的最大值为 $3.2\mu m$
U $Ra\ 3.2$ L $Ra\ 1.6$	用去除材料方法获得的表面粗糙度，Ra 的上限值为 $3.2\mu m$，Ra 的下限值为 $1.6\mu m$	$Ra_{max}\ 3.2$ $Ra_{min}\ 1.6$	用去除材料方法获得的表面粗糙度，Ra 的最大值为 $3.2\mu m$，Ra 的最小值为 $1.6\mu m$
$Rz\ 3.2$	用任何方法获得的表面粗糙度，Rz 的上限值为 $3.2\mu m$	$Rz_{max}\ 3.2$	用任何方法获得的表面粗糙度，Rz 的最大值为 $3.2\mu m$
U $Rz\ 3.2$ L $Rz\ 1.6$ $Rz\ 3.2$ $Rz\ 1.6$	用去除材料方法获得的表面粗糙度，Rz 的上限值为 $3.2\mu m$，Rz 的下限值为 $1.6\mu m$（在不引起误会的情况下，也可省略标注 U、L）	$Rz_{max}\ 3.2$ $Rz_{min}\ 1.6$	用去除材料方法获得的表面粗糙度，Rz 的最大值为 $3.2\mu m$，Rz 的最小值为 $1.6\mu m$
U $Ra\ 3.2$ U $Rz\ 1.6$	用去除材料方法获得的表面粗糙度，Ra 的上限值为 $3.2\mu m$，Rz 的上限值为 $1.6\mu m$	$Ra_{max}\ 3.2$ $Rz_{max}\ 1.6$	用去除材料方法获得的表面粗糙度，Ra 的最大值为 $3.2\mu m$，Rz 的最大值为 $1.6\mu m$
$0.008\sim0.8/Ra\ 3.2$	用去除材料方法获得的表面粗糙度，Ra 的上限值为 $3.2\mu m$，传输带 $0.008\sim0.8mm$	$0.8/Ra3\ 3.2$	用去除材料方法获得的表面粗糙度，Ra 的上限值为 $3.2\mu m$，取样长度 $0.8mm$，评定包含 3 个取样长度

5.5　表面粗糙度的检测

目前常用的表面粗糙度的测量方法主要有：比较法、光切法、针描法、干涉法、激光反射法等。

（1）比较法

比较法是将被测表面与已知其评定参数值的粗糙度样板相比较，如被测表面精度较高时，可借助于放大镜、比较显微镜进行比较，以提高检测精度。比较样板的选择应使其材料、形状和加工方法与被测工件尽量相同。

比较法简单实用，适合于车间条件下判断较粗糙的表面。比较法的判断准确程度与检验人员的技术熟练程度有关。

（2）光切法

光切法是利用"光切原理"测量表面粗糙度的方法。光切原理示意图如图 5-11 所示。

图 5-11（a）表示被测表面为阶梯面，其阶梯高度为 h。由光源发出的光线经狭缝后形成一个光带，此光带与被测表面以夹角为 45°的方向 A 与被测表面相截，被测表面的轮廓影像沿 B 向反射后可由显微镜中观察得到图 5-11（b）。其光路系统如图 5-11（c）所示，光源 1 通过聚光镜 2、狭缝 3 和物镜 5，以 45°角的方向投射到工件表面 4 上，形成一窄细光带。光带边缘的形状，即光束与工件表面的交线，也就是工件在 45°截面上的轮廓形状，此轮廓曲线的波峰在 S_1 点反射，波谷在 S_2 点反射，通过物镜 5，分别成像在分划板 6 上的 S''_1 和 S''_2 点，其峰、谷影像高度差为 h''。由仪器的测微装置可读出此值，按定义测出评定参数 Rz 的数值。按光切原理设计制造的表面粗糙度测量仪器称为光切显微镜（或双管显微镜），其测量范围 Rz 为 $0.8\sim80\mu m$。

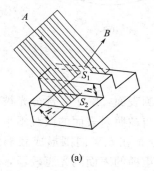
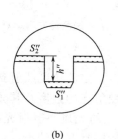
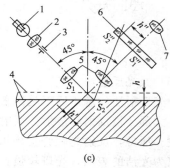

(a)　　　　　　(b)　　　　　　(c)

图 5-11　光切法测量原理示意

（3）针描法

针描法是利用仪器的触针在被测表面上轻轻划过，被测表面的微观不平度将使触针作垂直方向的位移，再通过传感器将位移量转换成电量，经信号放大后送入计算机，在显示器上示出被测表面粗糙度的评定参数值。也可由记录器绘制出被测表面轮廓的误差图形，其工作原理如图 5-12 所示。

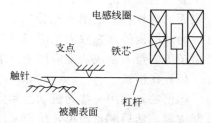

图 5-12　针描法测量原理示意

按针描法原理设计制造的表面粗糙度测量仪器通常称为轮廓仪。根据转换原理的不同，可以有电感式轮廓仪、电容式轮廓仪、压电式轮廓仪等。轮廓仪可测 Ra、Rz、RSm 及 Rmr（c）等多个参数。

除上述轮廓仪外，还有光学触针轮廓仪，它适用于非接触测量，以防止划伤零件表面，这种仪器通常直接显示 Ra 值，其测量范围为 $0.02\sim5\mu m$。

（4）干涉法

干涉法是利用光波干涉原理测量表面粗糙度的方法。根据干涉原理设计制造的仪器称为干涉显微镜，其基本光路系统如图5-13（a）所示。由光源1发出的光线经平面镜5反射向上，至半透半反分光镜9后分成两束。一束向上射至被测表面18返回，另一束向左射至参考镜13返回。此两束光线会合后形成一组干涉条纹。干涉条纹的相对弯曲程度反映被测表面微观不平度的状况，如图5-13（b）所示。仪器的测微装置可按定义测出相应的评定参数Rz值，其测量范围为$0.025\sim0.8\mu m$。

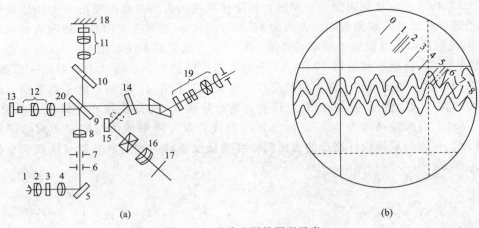

(a)　　　　　　　　　　　　(b)

图5-13　干涉法测量原理示意

（5）激光反射法

激光反射法的基本原理是用激光束以一定的角度照射到被测表面，除了一部分光被吸收以外，大部分被反射和散射。反射光与散射光的强度及其分布与被照射表面的微观不平度状况有关。通常，反射光较为集中形成明亮的光斑，散射光则分布在光斑周围形成较弱的光带。较为光洁的表面，光斑较强、光带较弱且宽度较小；较为粗糙的表面则光斑较弱，光带较强且宽度较大。

（6）三维几何表面测量

表面粗糙度的一维和二维测量，只能反映表面不平度的某些几何特征，把它作为表征整个表面的统计特征是很不充分的，只有用三维评定参数才能真实地反映被测表面的实际特征。为此国内外都在致力于研究开发三维几何表面测量技术，现已将光纤法、微波法和电子显微镜等测量方法成功地应用于三维几何表面的测量。

（7）印模法

印模法是利用一些无流动性和弹性的塑性材料，贴合在被测表面上，将被测表面的轮廓复制成模，然后测量印模，从而来评定被测表面的粗糙度。适用于对某些既不能使用仪器直接测量，也不便于用样板相对比的表面。如深孔、盲孔、凹槽、内螺纹等。

 **本章小结**

本章简要介绍了表面粗糙度的定义、作用，着重介绍了表面粗糙度的评定长度与取样长

度、中线、几何参数、评定参数；表面粗糙度的选用主要包括参数的选择和参数值的选择，介绍了表面粗糙度的标注；介绍了表面粗糙度常用检测方法。

思考题与练习

5-1　表面粗糙度对零件的使用性能有哪些影响？

5-2　试述粗糙度轮廓中线的意义及其作用。为什么要规定取样长度和评定长度？两者有何关系？

5-3　表面粗糙度的图样标注中，什么情况注出评定参数的上限值、下限值？什么情况要注出最大值、最小值？上限值和下限值与最大值和最小值如何标注？

5-4　常用的表面粗糙度测量方法有哪几种？电动轮廓仪、光切显微镜、干涉显微镜各适用于测量哪些参数？

5-5　解释图 5-14 中标注的各表面粗糙度要求的含义。

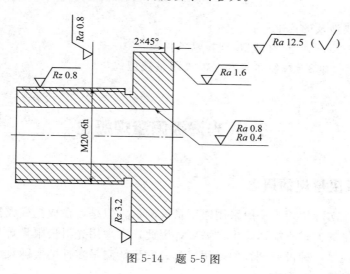

图 5-14　题 5-5 图

第 **6** 章

光滑极限量规的作用与设计

光滑极限量规是一种专用量具，其结构简单，使用方便，检验效率高，生产中应用广泛。本章介绍了光滑极限量规的作用、种类；工作量规公差带的分布特点；泰勒原则的含义；符合泰勒原则的量规应具有的要求、当量规偏离泰勒原则时应采取的措施；工作量规的设计方法。

本章内容主要涉及的标准是：

GB/T 1957—2006《光滑极限量规技术条件》；

GB/T 10920—2008《螺纹量规和光滑极限量规型式与尺寸》。

6.1　光滑极限量规概述

6.1.1　光滑极限量规的概念

工件的尺寸在实际使用中一般采用通用量具测量，但是，在成批或大批量的工件制造当中，采用单个测量的方式不能适应生产需要，因此，常采用光滑极限量规来检验。

光滑极限量规是一种没有刻线的专用工具，它不能测量零件的实际尺寸，只能检验零件是否在允许的极限尺寸范围内。

6.1.2　光滑极限量规的用途

光滑极限量规是一种没有刻线的专用测量器具。它不能测得工件实际尺寸的大小，而只能确定被测工件的尺寸是否在它的极限尺寸范围内，从而对工件作出合格性判断。

当图样上被测要素的尺寸公差和形位公差按独立原则标注时，一般使用通用计量器具分别测量。当单一要素的尺寸公差和形状公差采用包容要求标注时，则应使用量规来检验，把尺寸误差和形状误差都控制在尺寸公差范围内。

检验孔用的量规称为塞规，如图 6-1 所示；检验轴用的量规称为卡规（或环规），如图 6-2 所示。塞规和卡规（或环规）统称量规，量规有通规和止规之分，量规通常成对使用。通规控制被测零件的作用尺寸，止规控制其实际尺寸。

塞规的通规以被检验孔的最大实体尺寸（下极限尺寸）作为公称尺寸，塞规的止规以被检验孔的最小实体尺寸（上极限尺寸）作为公称尺寸。检验工件时，塞规的通规应通过被检验孔，表示被检验孔的体外作用尺寸大于下极限尺寸（最大实体边界尺寸）；止规应不能通过被检验孔，表示被检验孔实际尺寸小于上极限尺寸。当通规通过被检验孔而止规不能通过时，说明被检验孔的尺寸误差和形状误差都控制在尺寸公差范围内，被检孔是合格的。

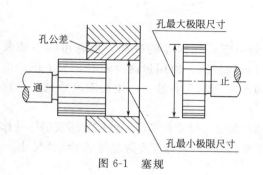

图 6-1　塞规

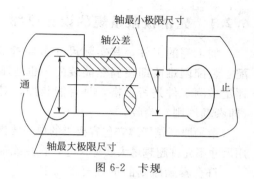

图 6-2　卡规

卡规的通规以被检验轴的最大实体尺寸（上极限尺寸）作为公称尺寸，卡规的止规以被检验轴的最小实体尺寸（下极限尺寸）作为公称尺寸。检验轴时，卡规的通规应通过被检验轴，表示被检验轴的体外作用尺寸小于上极限尺寸（最大实体边界尺寸）；止规应不能通过被检验轴，表示被检验轴实际尺寸大于下极限尺寸。当通规通过被检验轴而止规不能通过时，说明被检验轴的尺寸误差和形状误差都控制在尺寸公差范围内，被检验轴是合格的。

综上所述，量规的通规用于控制工件的体外作用尺寸，止规用于控制工件的实际尺寸。用量规检验工件时，其合格标志是通规能通过，止规不能通过；否则即为不合格。因此，用量规检验工件时，必须通规和止规成对使用，才能判断被检验孔或轴是否合格。

6.1.3　光滑极限量规的种类

量规按其用途不同分为工作量规、验收量规和校对量规三种。

（1）工作量规

工人在加工时用来检验工件的量规，一般用的通规是新制的或磨损较少的量规。通常用代号"T"表示，止规用代号"Z"表示。

（2）验收量规

验收量规是验收工件时，检验人员或用户代表所使用的量规。验收量规一般不需要另行制造，它的通规是从磨损较多，但未超过磨损极限的工作量规中挑选出来的，验收量规的止规应接近工件的最小实体尺寸。这样，操作者用工作量规自检合格的工件，当检验人员用验收量规验收时也一定合格。

（3）校对量规

校对量规是检验轴用工作量规的量规。用以检查轴用工作量规在制造时是否符合制造公差，使用中是否已达到磨损极限，校对量规有三种。

①"校通-通"量规（代号为 TT）　检验轴用量规通规的校对量规。

②"校止-通"量规（代号为 ZT）　检验轴用量规止规的校对量规。

③"校通-损"量规（代号为 TS）　检验轴用量规通规磨损极限的校对量规。

6.2 光滑极限量规的设计

6.2.1 光滑极限量规的设计原理

加工完的工件，其实际尺寸虽经检验合格，但由于形状误差的存在，也有可能不能装配、装配困难或即使偶然能装配，也达不到配合要求的情况。故用量规检验时，为了正确地评定被测工件是否合格，是否能装配，对于遵守包容原则的孔和轴，应按极限尺寸判断原则（即泰勒原则）验收。

泰勒原则是指遵守包容要求的单一要素（孔或轴）的实际尺寸和形位误差综合形成的体外作用尺寸不允许超越最大实体尺寸，在孔或轴的任何位置上的实际尺寸不允许超越最小实体尺寸。

符合泰勒原则的量规要求如下。

（1）量规的设计尺寸

通规的公称尺寸应等于工件的最大实体尺寸（MMS）；止规的公称尺寸应等于工件的最小实体尺寸（LMS）。

（2）量规的形状要求

通规用来控制工件的体外作用尺寸，它的测量面应是与孔或轴形状相对应的完整表面（即全形量规），且测量长度等于配合长度。止规用来控制工件的实际尺寸，它的测量面应是点状的（即不全形量规），且测量长度尽可能短些，止规表面与工件是点接触。

用符合泰勒原则的量规检验工件时，若通规能通过并且止规不能通过，则表示工件合格；否则即为不合格。

如图 6-3 所示，孔的实际轮廓已超出尺寸公差带，应为不合格品。用全形量规检验时不能通过，而用点状止规检验，虽然沿 x 方向不能通过，但沿 y 方向却能通过，于是，该孔被正确地判断为废品。反之，若用两点状通规检验，则可能沿 y 轴方向通过，用全形止规检验，则不能通过，这样一来，由于量规的测量面形状不符合泰勒原则，结果导致把该孔误判为合格。

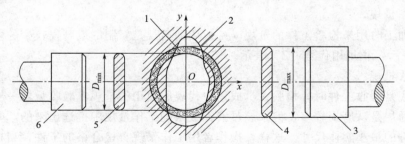

图 6-3 塞规形状对检验结果的影响

1—孔的公差带；2—工件实际轮廓；3—全形止规；4—两点状止规；

5—两点状通规；6—全形通规

在量规的实际应用中，由于量规制造和使用方面的原因，要求量规形状完全符合泰勒原则是有一定困难的。因此国家标准规定，在被检验工件的形状误差不影响配合性质的条件下，允许使用偏离泰勒原则的量规。例如，对于尺寸大于 100mm 的孔，为了不让量规过于笨重，通规很少制成全形轮廓。同样，为了提高检验效率，检验大尺寸轴的通规也很少制成全形环规。此外，全形环规不能检验已装夹在顶尖上的被加工零件以及曲轴零件等。当采用不符合泰勒原则的量规检验工件时，应在工件的多方位上作多次检验，并从工艺上采取措施以限制工件的形状误差。

6.2.2　光滑极限量规的公差带

作为量具的光滑极限量规，本身亦相当于一个精密工件，制造时和普通工件一样，不可避免地会产生加工误差，同样需要规定制造公差。量规制造公差的大小不仅影响量规的制造难易程度，还会影响被测工件加工的难易程度以及对被测工件的误判。量规是一种精密的检验工具，量规的制造精度比被检验工件的精度要求更高。

由于通规在使用过程中经常通过工件，因而会逐渐磨损。为了使通规具有一定的使用寿命，应当留出适当的磨损储备量，因此对通规应规定磨损极限，即将通规公差带从最大实体尺寸向工件公差带内缩一个距离；而止规通常不通过工件，所以不需要留磨损储备量，故将止规公差带放在工件公差带内紧靠最小实体尺寸处。校对量规也不需要留磨损储备量。

（1）工作量规的公差带

国家标准 GB/T 1957－2006 规定量规的公差带不得超越工件的公差带，这样有利于防止误收，保证产品质量与互换性。但有时会把一些合格的工件检验成不合格，实质上缩小了工件公差范围，提高了工件的制造精度。工作量规的公差带分布如图 6-4 所示。图 6-4 中 T_1 为量规制造公差，Z_1 为位置要素（即通规制造公差带中心到工件最大实体尺寸之间的距离），T_1、Z_1 的大小取决于工件公差的大小。国标规定的 T_1 值和 Z_1 值见表 6-1。通规的磨损极限尺寸等于工件的最大实体尺寸。

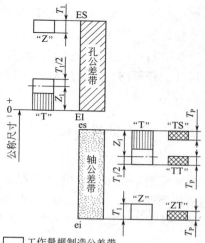

图 6-4　量规的公差带图

表 6-1　**IT6～IT16 级工作量规制造公差 T_1 值和位置要素 Z_1 值**（摘自 GB/T 1957－2006）

单位：μm

工件基本尺寸/mm	IT6			IT7			IT8			IT9			IT10			IT11			IT12		
	IT6	T_1	Z_1	IT7	T_1	Z_1	IT8	T_1	Z_1	IT9	T_1	Z_1	IT10	T_1	Z_1	IT11	T_1	Z_1	IT12	T_1	Z_1
～3	6	1.0	1.0	10	1.2	1.6	14	1.6	2.0	25	2.0	3	40	2.4	4	60	3	6	100	4	9
>3～6	8	1.2	1.4	12	1.4	2	18	2	2.6	30	2.4	4	48	3	5	75	4	8	120	5	11
>6～10	9	1.4	1.6	15	1.8	2.4	22	2.4	3.2	36	2.8	5	58	3.6	6	90	5	9	150	6	13
>10～18	11	1.6	2	18	2	2.8	27	2.8	4	43	3.4	6	70	4	8	110	6	11	180	7	15
>18～30	13	2	2.4	21	2.4	3.4	33	3.4	5	52	4	7	84	5	9	130	7	13	210	8	18
>30～50	16	2.4	2.8	25	3	4	39	4	6	62	5	8	100	6	11	160	8	16	250	10	22
>50～80	19	2.8	3.4	30	3.6	4.6	46	4.6	7	74	6	9	120	7	13	190	9	19	300	12	26
>80～120	22	3.2	3.8	35	4.2	5.4	54	5.4	8	87	7	10	140	8	15	220	10	22	350	14	30
>120～180	25	3.8	4.4	40	4.8	6	63	6	9	100	8	12	160	9	18	250	12	25	400	16	35
>180～250	29	4.4	5	46	5.4	7	72	7	10	115	9	14	185	10	20	290	14	29	460	18	40
>250～315	32	4.8	5.6	52	6	8	81	8	11	130	10	16	210	12	22	320	16	32	520	20	45
>315～400	36	5.4	6.2	57	7	9	89	9	12	140	11	18	230	14	25	360	18	36	570	22	50
>400～500	40	6	7	63	8	10	97	10	14	155	12	20	250	16	28	400	20	40	630	24	55

（2）校对量规的公差带

校对量规的公差带如图 6-4 所示。

① 校通-通（代号"TT"） 用在轴用通规制造时，其作用是防止通规尺寸小于其最小极限尺寸，故其公差带是从通规的下偏差起，向轴用通规公差带内分布的。检验时，该校对塞规应通过轴用通规，否则应判断该轴用通规不合格。

② 校止-通（代号"ZT"） 用在轴用止规制造时，其作用是防止止规尺寸小于其最小极限尺寸，故其公差带是从止规的下偏差起，向轴用止规公差带内分布的。检验时，该校对塞规应通过轴用止规，否则应判断该轴用止规不合格。

③ 校通-损（代号"TS"） 用于检验轴用通规在使用时的磨损情况，其作用是防止轴用通规在使用中超过磨损极限尺寸，故其公差带是从轴用通规的磨损极限起，向轴用通规公差带内分布的。检验时，该校对塞规应不通过轴用通规，否则应判断所校对的轴用通规已达到磨损极限，不应该继续使用。

校对量规的尺寸公差取被校对轴用量规制造公差的 1/2，校对量规的形状公差应控制在其尺寸公差带内。由于校对量规精度高，制造困难，因此在实际生产中通常用量块或计量器具代替校对量规。

6.2.3 工作量规的设计步骤

（1）量规的结构型式

光滑极限量规的结构型式很多，图 6-5、图 6-6 分别给出了几种常用的轴用和孔用量规的结构型式，表 6-2 列出了不同量规型式的应用尺寸范围，供设计时选用。更详细的内容可参见 GB/T 10920—2008《螺纹量规和光滑极限量规 型式与尺寸》及有关资料。

(a) 环规　　　　　　　(b) 双头卡规　　　　　　(c) 单头双极限卡规

图 6-5　轴用量规的结构型式

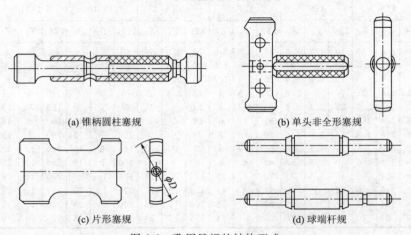

(a) 锥柄圆柱塞规　　　　　　　　　　(b) 单头非全形塞规

(c) 片形塞规　　　　　　　　　　(d) 球端杆规

图 6-6　孔用量规的结构型式

表 6-2　量规型式适用的尺寸范围（摘自 GB/T 1957—2006）

用途	推荐顺序	量规的工作尺寸/mm			
		～18	>18～100	>100～315	>315～500
孔用通规	1	全形塞规		非全形塞规	球端杆规
	2	—	非全形塞规或片形塞规	片形塞规	
孔用止规	1	全形塞规	全形塞规或片形塞规		球端杆规
	2	—	非全形塞规		
轴用通规	1	环规		卡规	
	2	卡规			
轴用止规	1	卡规			
	2	环规			

（2）量规的技术要求

① 量规材料　量规测量面的材料，可用渗碳钢、碳素工具钢、合金工具钢和硬质合金等材料制造，也可在测量面上镀铬或氮化处理。量规测量面的硬度，直接影响量规的使用寿命。用上述几种钢材经淬火后的硬度一般为 HRC58～65。

② 形位公差　国家标准规定了检验 IT6～IT16 工件的量规公差。量规的形位公差一般为量规尺寸公差的 50%。考虑到制造和测量的困难，当量规的尺寸公差小于 0.002mm 时，其形位公差仍取 0.001mm。对量规的表面粗糙度有一定要求，量规测量面不应有锈迹、毛刺、黑斑、划痕等明显影响外观和使用质量的缺陷。量规测量面的表面粗糙度参数 Ra 的上限值见表 6-3。

表 6-3　量规测量面的表面粗糙度 Ra（摘自 GB/T 1957—2006）　　单位：μm

工作量规	工作量规的基本尺寸/mm		
	≤120	>120～315	>315～500
IT6 级孔用量规	0.05	0.10	0.20
IT6～IT9 级轴用量规 IT7～IT9 级孔用量规	0.10	0.20	0.40
IT10～IT12 级孔/轴用量规	0.20	0.40	0.80
IT13～IT16 级孔/轴用量规	0.40	0.80	0.80

③ 量规工作尺寸的计算　量规工作尺寸的计算步骤依次为：查出被检验工件的极限偏差；查出工作量规的制造公差 T_1 和位置要素 Z_1 值，并确定量规的形位公差；画出工件和量规的公差带图；计算量规的极限偏差；计算量规的极限尺寸以及磨损极限尺寸。

【例 6-1】设计检验 $\phi30H8E/f8E$ 孔、轴用工作量规。

解：① 查表得 $\phi30H8$ 孔的极限偏差为：ES＝＋0.033mm，EI＝0，$\phi30f8$ 轴的极限偏差为：es＝－0.020mm，ei＝－0.053

② 由表 6-1 查出工作量规制造公差 T_1 和位置要素 Z_1 值，并确定形位公差。T_1＝0.0034mm，Z_1＝0.005mm，$T_1/2$＝0.0017mm。

③ 画出工件和量规的公差带图，如图 6-7 所示。

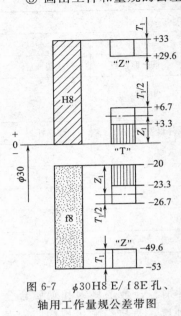

图 6-7　$\phi 30 H8 E/ f8E$ 孔、
轴用工作量规公差带图

④ 计算量规的极限偏差，并将偏差值标注在图 6-7 中。

孔用量规通规（T）：

上偏差$=EI+Z_1+T_1/2=0+0.005+0.0017$
$\qquad =+0.0067mm$

下偏差$=EI+Z_1-T_1/2=0+0.005-0.0017$
$\qquad =+0.0033mm$

磨损极限偏差$=EI=0$

孔用量规止规（Z）：

上偏差$=ES=+0.033mm$

下偏差$=ES-T_1=+0.033-0.0034=+0.0296mm$

轴用量规通规（T）：

上偏差$=es-Z_1+T_1/2=-0.020-0.005+0.0017$
$\qquad =-0.0233mm$

下偏差$=es-Z_1-T_1/2=-0.020-0.005-0.0017$
$\qquad =-0.0267mm$

磨损极限偏差$=es=-0.020mm$

轴用量规止规（Z）：

上偏差$=ei+T_1=-0.053+0.0034=-0.0496mm$

下偏差$=ei=-0.053mm$

⑤ 计算量规的极限尺寸和磨损极限尺寸。

孔用量规通规：最大极限尺寸$=30+0.0067=30.0067mm$

$\qquad\qquad$ 最小极限尺寸$=30+0.0033=30.0033mm$

$\qquad\qquad$ 磨损极限尺寸$=30mm$

所以塞规的通规尺寸为 $\phi 30^{+0.0067}_{+0.0033}$ mm，按工艺尺寸标注为 $\phi 30.0067^{0}_{-0.0034}$ mm

孔用量规止规：最大极限尺寸$=30+0.033=30.033mm$

$\qquad\qquad$ 最小极限尺寸$=30+0.0296=30.0296mm$

所以塞规的止规尺寸为 $\phi 30^{+0.0330}_{+0.0296}$ mm，按工艺尺寸标注为 $\phi 30.033^{0}_{-0.0034}$ mm

轴用量规通规：最大极限尺寸$=30-0.0233=29.9767mm$

$\qquad\qquad$ 最小极限尺寸$=30-0.0267=29.9733mm$

$\qquad\qquad$ 磨损极限尺寸$=29.98mm$

所以卡规的通规尺寸为 $\phi 30^{-0.0233}_{-0.0267}$ mm，按工艺尺寸标注为 $\phi 29.9733^{+0.0034}_{0}$ mm

轴用量规止规：最大极限尺寸$=30-0.0496=29.9504mm$

$\qquad\qquad$ 最小极限尺寸$=30-0.053=29.947mm$

所以卡规的止规尺寸为 $\phi 30^{-0.0496}_{-0.0530}$ mm，按工艺尺寸标注为 $\phi 29.947^{+0.0034}_{0}$ mm

在使用过程中，量规的通规不断磨损，如塞规通规尺寸可以小于 30.0033mm，但当其尺寸接近磨损极限尺寸 30mm 时，就不能再用作工作量规，而只能转为验收量规使用；当通规尺寸磨损到 30mm，通规应报废。

⑥ 按量规的常用形式绘制量规图样并标注工作尺寸。绘制量规的工作图样，就是把设计结果通过图样表示出来，从而为量规的加工制造提供技术依据。上述设计例子中孔用量规选用锥柄双头塞规，如图 6-8 所示；轴用量规选用单头双极限卡规，如图 6-

9 所示。

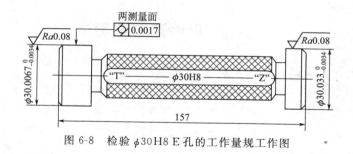

图 6-8　检验 $\phi 30\text{H}8$ E 孔的工作量规工作图

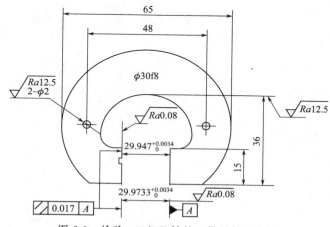

图 6-9　检验 $\phi 30\text{f}8$ E 轴的工作量规工作图

本章小结

　　本章主要介绍了 GB/T 1957—2006《光滑极限量规　技术条件》、GB/T 10920—2008《螺纹量规和光滑极限量规　型式与尺寸》。这两个国家标准介绍了如何根据工件精度要求选择相应的测量器具，以及测量中的注意事项，同时介绍了光滑极限量规的型式、公差和使用等。工作量规用于检验遵守包容要求的工件。检验工件时，通规和止规应成对使用：如果通规通过并且止规止住，则被检工件合格；否则不合格。设计工作量规时应遵守泰勒原则。符合泰勒原则的工作量规，通规控制工件的体外作用尺寸，而止规控制工件的局部实际尺寸。通规按工件最大实体尺寸制造，其测量面为全形；止规按工件最小实体尺寸制造，其测量面应是点状。工作量规的主要设计内容是：①画量规公差带图，计算确定量规测量面的工作尺寸；②选择量规的结构型式并查表确定有关尺寸，绘制量规结构图；③确定量规的材料、工作面硬度、几何精度等技术要求，完成量规工作图。

思考题与练习

6-1　试述光滑极限量规的作用和分类。

6-2　量规的通规和止规按工件的什么尺寸制造？分别控制工件的什么尺寸？

6-3　孔、轴用工作量规的公差带是如何分布的？其特点是什么？

6-4　用量规检验工件时，为什么总是成对使用？被检验工件合格的标志是什么？

6-5　根据泰勒原则设计的量规，对量规测量面的型式有何要求？在实际应用中是否可以偏离泰勒原则？

6-6　设计 $\phi18H7/p7$ 孔、轴用工作量规，并画出量规的公差带图。

第 7 章

圆锥和角度公差与检测

圆锥和角度在机械中是典型的结构。圆锥结合是常用的连接与配合形式。一些具有角度的零件，如 V 形体、楔、燕尾导轨等在工业生产中也得到了广泛应用。因此，研究圆锥和角度的公差与检测，也是提高产品质量、保证互换性所不可缺少的工作。

本章主要介绍了圆锥配合的特点、基本参数、形成方法和基本要求；介绍了圆锥几何参数误差对互换性的影响；圆锥公差的项目和给定方法标注方法；棱体角度和角度公差的基本知识；介绍了角度和锥度的主要检测方法。

本章内容涉及的相关标准主要有：

GB/T 157—2001《产品几何量技术规范（GPS）圆锥的锥度与锥角系列》；

GB/T 4096—2001《产品几何量技术规范（GPS）棱体的角度与斜度系列》；

GB/T 11334—2005《产品几何量技术规范（GPS）圆锥公差》；

GB/T 12360—2005《产品几何量技术规范（GPS） 圆锥配合》等。

7.1 概　　述

7.1.1 圆锥配合的特点

影响圆锥结合互换性的因素除了直径外，还多了个圆锥角，因此圆锥结合有圆柱结合不可替代的特点，归纳起来有以下 4 个方面：密封性能好；对中性能高；自锁性能强；间隙可以调整。

图 7-1 所示为磨床砂轮主轴的圆锥轴颈与滑动轴承的配合，该配合的特点是相互结合的内、外圆锥能相对运动，故间隙大小可以调整。

图 7-2 所示为内燃机中凸轮配气机构，其中气门与气门座的配合采用了成对研磨的圆锥面，使得该配合具有良好的对中性和密封性。

图 7-3 所示为铰刀的浮动连接，其中过渡套筒与车床尾座套筒的配合具有自锁性，且铰刀尾柄与活动锥套的过盈量大小可以调节，用以传递转矩。

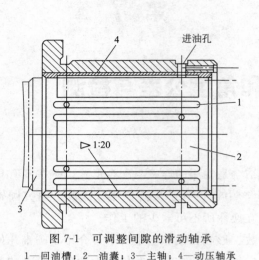

图 7-1 可调整间隙的滑动轴承

1—回油槽；2—油囊；3—主轴；4—动压轴承

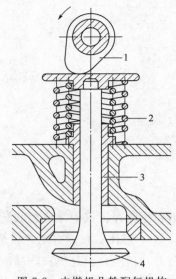

图 7-2 内燃机凸轮配气机构

1—凸轮；2—弹簧；3—导套；4—气门

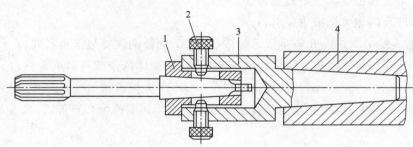

图 7-3 铰刀的浮动连接

1—浮动锥套；2—螺钉；3—过渡套筒；4—车床尾座套筒

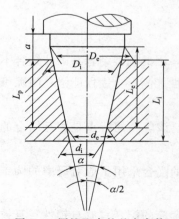

图 7-4 圆锥配合的基本参数

7.1.2 圆锥配合的基本几何参数

（1）圆锥角

在通过圆锥轴线的截面内，两条素线间的夹角，称为圆锥角 α，如图 7-4 所示。对于内圆锥，用圆表示；对于外圆锥，用‰表示。相互结合的内、外圆锥，其基本圆锥角是相等的。

（2）圆锥素线角

圆锥素线角是指圆锥素线与其轴线间的夹角，它等于圆锥角之半，即 $\alpha/2$。

（3）圆锥直径

圆锥直径是指与圆锥轴线垂直的截面内的直径，有内、外圆锥的最大直径 D_i、D_e，内、外圆锥的最小直径 d_i、d_e。设计时，一般选用内圆锥的最大直径 D_i 或外圆锥的最小直径 d_i 作为基准直径。

（4）圆锥长度

圆锥长度是指圆锥的最大直径与其最小直径之间的距离。内、外圆锥长度分别用 L_i、L_e 来表示。

（5）圆锥配合长度

圆锥配合长度是指内、外圆锥配合面的轴向距离，用符号 L_p 表示。

（6）锥度

锥度是指圆锥的最大直径与其最小直径之差对圆锥长度之比，用符号 C 表示，即 $C = \dfrac{D-d}{L} = 2\tan\dfrac{\alpha}{2}$。锥度常用比例或分数表示，例如 $C = 1 : 20$ 或 $C = 1/20$ 等。

（7）基面距

基面距是指相互结合的内、外圆锥基准面间的距离，用符号 a 表示。

（8）基本圆锥

基本圆锥为设计给定的圆锥，在该圆锥上，所有几何参数均为其基本值。

基本圆锥标准规定可用如下两种形式表示。

① 一个基本圆锥直径（最大圆锥直径 D，最小圆锥直径 d，给定截面圆锥直径 d_x）、基本圆锥长度 L、基本圆锥角 α 或基本锥度 C。

② 两个基本圆锥直径和基本圆锥度长度 L。

以上几何参数均为基本尺寸。

7.1.3　锥度与锥角系列

在国家标准 GB/T 157—2001《产品几何量技术规范（GPS）圆锥的锥度与锥角系列》中，将锥度与锥角系列分为两类，一类为一般用途圆锥的锥度与锥角，见表 7-1；另一类为特殊用途圆锥的锥度与锥角，见表 7-2。特殊用途圆锥的锥度与锥角的应用，仅限于表 7-2 备注栏中所说明的场合。

表 7-1　一般用途圆锥的锥度与锥角

基 本 值		推 算 值		应用举例
系列 1	系列 2	圆锥角 α	锥度 C	
120°		—	—	1 : 0.288675 节气阀、汽车、拖拉机阀门
90°		—	—	1 : 0.500 000 重型顶尖、重型中心孔、阀的阀销锥体埋
	75°	—	—	1 : 0.651 613 头螺钉、小于 10mm 的丝锥
60°		—	—	1 : 0.866 025 顶尖、中心孔、弹簧夹头、埋头钻、埋头
45°	—	—		1 : 1.207 107 与半埋头铆钉
30°		—	—	1 : 1.866 025 摩擦轴节、弹簧卡头、平衡块
1 : 3		18°55′28.7″	18.924644°	— 受力方向垂直于轴线易拆开的连接
	1 : 4	14°15′0.1″	14.250033°	— 受力方向垂直于轴线的连接、锥形摩擦离
1 : 5		11°25′16.3″	11.421186°	— 合器、磨床主轴
	1 : 6	9°31′38.2″	9.527283°	— 重型机床主轴
	1 : 7	8°10′16.4″	8.171234°	— 受轴向力和扭转力的连接处、主轴承受轴 向力、调节套筒
	1 : 8	7°9′9.6″	7.152669°	— 主轴齿轮连接处、受轴向力之机件连接处，
1 : 10		5°43′29.3″	5.724810°	— 如机车十字头轴
	1 : 12	4°46′18.8″	4.771888°	— 机床主轴、刀具刀杆的尾部、锥形铰刀心轴

基 本 值		推 算 值		应用举例
系列1	系列2	圆锥角α	锥度C	
	1:15	3°49′5.9″	3.818305°	—	
		2°51′51.1″	2.864192°	—	锥形铰刀套式铰刀、扩孔钻的刀杆、主轴颈
1:20		1°54′34.9″	1.90682°	—	锥销、手柄端部、锥形铰刀、量具尾部及静变负载不拆开的连接件，如心轴等
1:30	1:40	1°25′56.4″	1.432320°	—	导轨镶条，受振及冲击负载不拆开的连接件
1:50		1°8′45.2″	1.145877°	—	
1:100		0°34′22.6″	0.572953°	—	
1:200		0°17′11.3″	0.286478°	—	
1:500		0°6′52.5″	0.114592°	—	

表7-2　特殊用途圆锥的锥度与锥角

基 本 值	推荐值			备注
	圆锥角α		锥度C	
18°30′	—	—	1:3.070115	
11°54′	—	—	1:4.797451	
8°40′	—	—	1:6.598442	纺织工业
7°40′	—	—	1:7.462208	
7:24	16°35′39.4″	16.594290°	1:3.428571	机床主轴,工具配合
1:9	6°21′34.8″	6.369660°	—	电池接头
1:16.666	3°26′12.7″	3.436853°	—	医疗设备
1:12.262	4°40′12.2″	4.670042°	—	贾各锥度　No2
1:12.972	4°24′52.9″	4.414696°	—	No1
1:15.748	3°38′13.4″	3.637067°	—	No33
1:18.779	3°3′1.2″	3.050335°	—	No3
1:19.264	2°58′24.9″	2.973573°	—	No6
1:20.288	2°49′24.8″	2.823550°	—	No0
1:19.002	3°0′52.4″	3.014554°	—	莫氏锥度　No5
1:19.180	2°59′11.7″	2.986590°	—	No6
1:19.212	2°58′53.8″	2.981618°	—	No0
1:19.254	2°58′30.4″	2.975117°	—	No4
1:19.922	2°52′31.4″	2.875402°	—	No3
1:20.020	2°51′40.8″	2.861332°	—	No2
1:20.047	2°51′26.9″	2.857480°	—	No1

7.2　圆锥公差

7.2.1　圆锥公差项目

GB/T 11334－2005 将圆锥公差分为圆锥直径公差、圆锥角公差、给定截面圆锥直径公差和圆锥的形状公差等四个圆锥公差项目。

（1）圆锥直径公差 T_D

圆锥直径公差 T_D 是指圆锥直径的允许变动量，即允许的最大极限圆锥直径 D_{max}（d_{max}）与最小极限圆锥直径 D_{min}（或 d_{min}）之差，如图 7-5 所示。在圆锥轴向截面内两个极限圆锥所限定的区域就是圆锥直径的公差带。圆锥直径公差值 T_D 以基本圆锥直径（一般取最大圆锥直径 D）为基本尺寸，从尺寸标准公差表中查取，它适用于圆锥的全长 L。

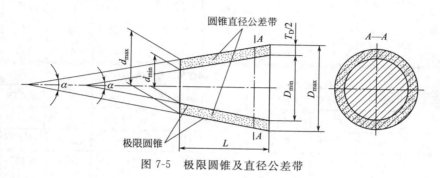

图 7-5　极限圆锥及直径公差带

（2）圆锥角公差

圆锥角公差 AT 是指圆锥角允许的变动量，即最大圆锥角 α_{max} 与最小圆锥角 α_{min} 之差，如图 7-6 所示。由图可知，在圆锥轴向截面内，由最大和最小极限圆锥角所限定的区域称为圆锥角公差带。AT 有两种表示方法：AT_α 与 AT_D。前者为角度值，后者为线性值，二者关系为：$AT_D = AT_\alpha \times L \times 10^{-3}$。

国家标准规定，圆锥角公差 AT 共分 12 个公差等级，用符号 $AT1$、$AT2$、…、$AT12$ 表示，$AT4 \sim AT9$ 公差数值见表 7-3。

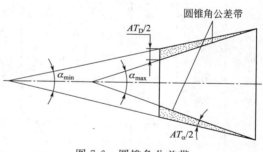

图 7-6　圆锥角公差带

表 7-3　圆锥角公差数值

基本圆锥长度 L/mm		圆锥角公差等级								
		AT4			AT5			AT6		
		AT_α		AT_D	AT_α		AT_D	AT_α		AT_D
大于	至	μrad	(″)	μm	μrad	(′)(″)	μm	μrad	(′)(″)	μm
自 6	10	200	41	1.3～2.0	315	1′05″	2.0～3.2	500	1′43″	3.2～5.0
10	16	160	33	1.6～2.5	250	52″	2.5～4.0	400	1′22″	4.0～6.3
16	25	125	26	2.0～3.2	200	41″	3.2～5.0	315	1′05″	5.0～8.0
25	40	100	21	2.5～4.0	160	33″	4.0～6.3	250	52″	6.3～10.0
40	63	80	16	3.2～5.0	125	26″	5.0～8.0	200	41″	8.0～12.5

续表

基本圆锥长度 L/mm		圆锥角公差等级							
		AT4			AT5			AT6	
		AT_α		AT_D	AT_α		AT_D	AT_α		AT_D
大于	至	μrad	(")	μm	μrad	(')(")	μm	μrad	(')(")	μm
63	100	63	13	4.0~6.3	100	21"	6.3~10.0	160	33"	10.0~16.0
100	160	50	10	5.0~8.0	80	16"	8.0~12.5	125	26"	12.5~20.0
160	250	40	8	6.3~10.0	63	13"	10.0~16.0	100	21"	16.0~25.0
250	400	31.5	6	8.0~12.5	50	10"	12.5~20.0	80	16"	20.0~32.0
400	630	25	5	10.0~16.0	40	8"	16.0~25.0	63	13"	25.0~40.0

基本圆锥长度 L/mm		圆锥角公差等级							
		AT7			AT8			AT9	
		AT_α		AT_D	AT_α		AT_D	AT_α		AT_D
大于	至	μrad	(')(")	μm	μrad	(')(")	μm	μrad	(')(")	μm
自6	10	800	2'45"	5.0~8.0	1250	4'18"	8.0~12.5	2000	6'52"	12.5~20
10	16	630	2'10"	6.3~10.0	1000	3'26"	10.0~16.0	1600	5'30"	16~25
16	25	500	1'43"	8.0~12.5	800	2'45"	12.5~20.0	1250	4'18"	20~32
25	40	400	1'22"	10.0~16.0	630	2'10"	16.0~20.5	1000	3'26"	25~40
40	63	315	1'05"	12.5~20.0	500	1'43"	20.0~32.0	800	2'45"	32~50
63	100	250	52"	16.0~25.0	400	1'22"	25.0~40.0	630	2'10"	40~63
100	160	200	41"	20.0~32.0	315	1'05"	32.0~50.0	500	1'43"	50~80
160	250	160	33"	25.0~40.0	250	52"	40.0~63.0	400	1'22"	63~100
250	400	125	26"	32.0~50.0	200	41"	50.0~80.0	315	1'05"	80~125
400	630	100	21"	40.0~63.0	160	33"	63.0~100.0	250	52"	100~160

注：1μrad 等于半径为 1m、弧长为 1μm 所对应的圆心角，5μrad≈1"（秒），300μrad≈1'（分）。

一般情况下，可不必单独规定圆锥角公差，而是将实际圆锥角控制在圆锥直径公差带内，此时圆锥角 α_{max} 与 α_{min} 是圆锥直径公差内可能产生的极限圆锥角，如图 7-7 所示。表 7-4 列出了圆锥长度 L 为 100mm 时圆锥直径公差 T_D 所能限制的最大圆锥角误差 $\Delta\alpha_{mnax}$。

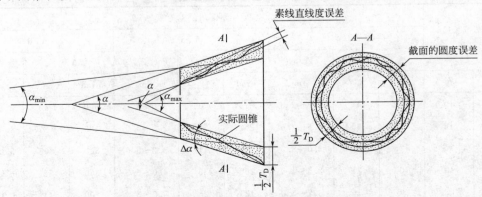

图 7-7　用圆锥直径公差 T_D 控制圆锥角误差

表 7-4　$L＝100mm$ 的圆锥直径公差 T_D 所限制的最大圆锥角误差 $\Delta\alpha_{max}$　（μrad）

标准公差等级	圆锥直径/mm												
	≤3	3～6	6～10	10～18	18～30	30～50	50～80	80～120	120～180	180～250	250～315	315～400	400～500
IT4	30	40	40	50	60	70	80	100	120	140	160	180	200
IT5	40	50	60	80	90	110	130	150	180	200	230	250	270
IT6	60	80	80	110	130	160	190	220	250	290	320	360	400
IT7	100	120	150	180	210	250	300	350	400	460	520	570	630
IT8	140	180	220	270	330	390	460	540	630	720	810	890	970
IT9	250	300	360	430	520	620	740	870	1000	1150	1300	1400	1550
IT10	400	480	580	700	840	1000	1200	1400	1300	1850	2100	2300	2500

注：圆锥长度不等于100mm时，需将表中的数值乘以100/L、L 的单位为 mm。

如果对圆锥角公差有更高的要求时（例如圆锥量规等），除规定其直径公差 T 外，还应给定圆锥角公差 AT。圆锥角的极限偏差可按单向或双向（对称或不对称）取值，如图 7-8 所示。

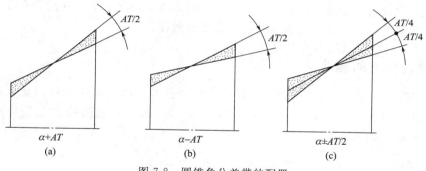

图 7-8　圆锥角公差带的配置

（3）给定截面圆锥直径公差

给定截面圆锥直径公差 T_{DS} 是指在垂直于圆锥轴线的给定截面内圆锥直径的允许变动量，它仅适用于该给定截面的直径。给定截面圆锥直径公差带（GB/T 11334—2005 称之为给定截面圆锥直径公差区）是在给定的截面内两同心圆内所限定的区域，如图 7-9 所示 T_{DS} 公差带所限定的是平面区域。而 T_D 公差带限定的是空间区域，二者是不同的。

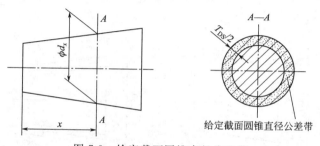

图 7-9　给定截面圆锥直径公差带

(4) 圆锥的形状公差 T_F

圆锥的形状公差包括素线直线度公差和圆度公差等。T_F 的数值从 GB/T 1184—1996《形状和位置公差 未注公差值》标准中选取。

7.2.2 圆锥公差的给定方法

对于一个具体的圆锥工件，并不都需要给定上述四项公差，而是根据工件的不同要求来给公差项目。

GB/T 11334—2005 中规定了两种圆锥公差的给定方法。

方法一：给出圆锥的理论正确圆锥角 α（或锥度 C）和圆锥直径公差 T_D，由 T_D 确定两个极限圆锥。此时，圆锥角误差和圆锥的形状误差均应在极限圆锥所限定的区域内。

当对圆锥角公差、形状公差有更高要求时，可再给出圆锥角公差 AT、形状公差 T_F，此时，AT、T_F 仅占 T_D 的一部分。

方法一通常适用于有配合要求的内、外圆锥。

方法二：给出给定截面圆锥直径公差 T_{DS} 和圆锥角公差 AT，此时 T_{DS} 和 AT 是独立的，应分别满足。

当对形状公差有更高要求时，可再给出圆锥的形状公差。

方法二通常适用于对给定圆锥截面直径有较高要求的情况。如某些阀类零件中，两个相配合的圆锥在规定截面上要求接触良好，以保证密封性。

7.2.3 圆锥公差的标注

GB/T 15754—1995《技术制图 圆锥的尺寸和公差注法》在正文里规定，通常圆锥公差应按面轮廓度法标注，如图 7-10（a）、图 7-11（a）所示，它们的公差带分别如图 7-10（b）、图 7-11（b）所示。

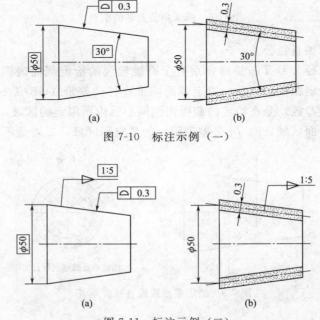

(a)　　　　　　　　　　(b)

图 7-10　标注示例（一）

(a)　　　　　　　　　　(b)

图 7-11　标注示例（二）

必要时还可给出附加的几何公差要求，但只占面轮廓度公差的一部分。

此外，该标准还在附录中规定了两种标注方法。

（1）基本锥度法

该法与 GB/T 11334—2005 中第一种圆锥公差给定方法一致，图 7-12（a）为标注示例，图 7-12（b）为其公差带。

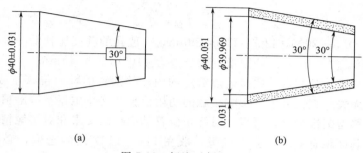

图 7-12　标注示例（三）

（2）公差锥度法

该法与 GB/T 11334—2005 中第二种圆锥公差给定方法一致，图 7-13 为标注示例及其公差带。

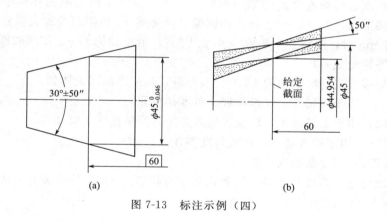

图 7-13　标注示例（四）

7.2.4　圆锥公差的选用

由于有配合要求的圆锥公差通常采用第一种方法给定，所以，本节主要介绍在这种情况下圆锥公差的选用。

（1）直径公差的选用

如前所述，对于结构型圆锥，直径误差主要影响实际配合间隙或过盈。选用时，可根据配合公差 T_{DP} 来确定内、外圆锥直径公差 T_{Di}、T_{De}，和圆柱配合一样。

$$T_{DP} = S_{max} - S_{min} = \delta_{max} - \delta_{min} = S_{max} + \delta_{max}$$

$$T_{DP} = T_{Di} + T_{De}$$

上述公式中，S、δ 分别表示配合间隙量、过盈。

为保证配合精度，直径公差一般不低于 9 级。

GB/T 12360—2005 推荐结构型圆锥配合优先采用基孔制，外圆锥直径基本偏差一般在

d~zc 中选取。

【例 7-1】 某结构型圆锥根据传递转矩的需要，最大过盈量 $\delta_{min}=70\mu m$，基本直径为 $\delta_{max}=159\mu m$，最小过盈量 100mm，锥度 $C=1:50$，试确定其内、外圆锥的直径公差带代号。

解： 圆锥配合公差 $T_{DP}=\delta_{max}-\delta_{min}=(159-70)\mu m=89\mu m$

因为

$$T_{DP}=T_{Di}+T_{De}$$

查 GB/T 1800.1—2009，IT7+IT8=89μm，一般孔的精度比轴低一级，故取内圆锥直径公差为 $\phi 100H8(^{+0.054}_{0})mm$，外圆锥直径公差为 $\phi 100u7(^{+0.159}_{+0.124})mm$。

对于位移型圆锥，其配合性质是通过给定的内、外圆锥的轴向位移量或装配力确定的，而与直径公差带无关。直径公差仅影响接触的初始位置和终止位置及接触精度。

所以，对位移型圆锥配合，可根据对终止位置基面距的要求和对接触精度的要求来选取直径公差。如对基面距有要求，公差等级一般在 IT8~IT12 之间选取，必要时，应通过计算来选取和校核内、外圆锥的公差带；若对基面距无严格要求，可选较低的直径公差等级，以便使加工更经济；如对接触精度要求较高，可用给圆锥角公差的办法来满足。为了计算和加工方便，GB/T 12360—2005 推荐位移型圆锥的基本偏差用 H、h 或 JS、js 的组合。

（2）圆锥角公差的选用

按国家标准规定的圆锥公差的第一种给定方法，圆锥角误差限制在两个极限圆锥范围内，可不另给圆锥角公差。$L=100mm$ 的圆锥直径公差 T_D 所限制的最大圆锥角误差见表 7-4。当 $L\neq 100mm$ 时，应将表中数值"$\times 100/L$"。L 的单位为 mm。如果对圆锥角有更高要求，可另给出圆锥角公差。

对于国家标准规定的圆锥角的 12 个公差等级，其适用范围大体如下。

AT1~AT5：用于高精度的圆锥量规、角度样板等。

AT6~AT8：用于工具圆锥，以及传递大力矩的摩擦锥体、锥销等。

AT8~AT10：用于中等精度锥体或角度零件。

AT11~AT12：用于低精度零件。

从加工角度考虑，角度公差 AT 的等级数字与相应的 IT 公差等级有大体相当的加工难度，如 AT6 级与 IT6 级加工难度大体相当。

圆锥角极限偏差可按单向（$\alpha+AT$ 或 $\alpha-AT$）或双向取。双向取时可以对称（$\alpha\pm\frac{AT}{2}$），也可以不对称。

对有配合要求的圆锥，内、外圆锥角极限偏差的方向及组合，影响初始接触部位和基面距，选用时必须考虑。若对初始接触部位和基面距无特殊要求，只要求接触均匀性，内、外圆锥角极限偏差方向应尽量一致。

7.3　角度与角度公差

7.3.1　基本概念

除圆锥外，其他带角度的几何体可统称为棱体。

棱体是指由两个相交平面与一定尺寸所限定的几何体，如图 7-14 所示。

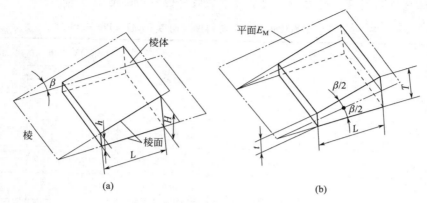

图 7-14 棱体及其几何参数

具有较小角度的棱体可称为楔；具有较大角度的棱体可称为 V 形体、榫或燕尾槽。

相交的平面称为棱面，棱面的交线称为棱。棱体的主要几何参数如下：

（1）棱体角 β

两相交棱面形成的二面角。

（2）棱体厚

平行于棱并垂直于棱体中心平面 E_M（平分棱体角的平面）的截面与两棱面交线之间的距离。

常用的有最大棱体厚 T 和最小棱体厚 t。

（3）棱体高

平行于棱并垂直于一个棱面的截面与两棱面交线之间的距离。常用的有最大棱体高 H 与最小棱体高 h。

（4）斜度 S

棱体高之差与平行于棱并垂直于一个棱面的两截面之间的距离之比，即

$$S = \frac{H - h}{L} \tag{7-1}$$

斜度 S 与棱体角 β 的关系为

$$S = \tan\beta = 1 : \cot\beta \tag{7-2}$$

（5）比率 C_p

棱体厚之差与平行于棱并垂直于棱体中心平面的两个截面之间的距离之比，即

$$C_p = \frac{T - t}{L} \tag{7-3}$$

比率 C_p 与棱体角 β 的关系为

$$C_p = 2\tan\frac{\beta}{2} = 1 : \frac{1}{2}\cot\frac{\beta}{2} \tag{7-4}$$

7.3.2 棱体的角度与斜度系列

GB/T 4096—2001《产品几何量技术规范（GPS） 棱体的角度与斜度系列》中规定了一般用途的棱体角度与斜度（见表 7-5）和特殊用途的棱体角度与比率（见表 7-6）。

一般用途的棱体角度与斜度，优先选用第 1 系列，当不能满足需要时，选用第 2 系列。特殊用途棱体角度与斜度，通常只适用于表中最后一栏所指的适用范围。

表 7-5 一般用途棱体的角度与斜度（摘自 GB/T 4096—2001）

基 本 值			推 算 值		
系列 1	系列 2	S	C_p	S	β
120°	—	—	1 : 0.028 675	—	—
90°	—	—	1 : 0.500 000	—	—
—	75°	—	1 : 0.651 613	1 : 0.267 949	—
60°	—	—	1 : 0.866 025	1 : 0.577 350	—
45°	—	—	1 : 1.207 107	1 : 1.000 000	—
—	40°	—	1 : 1.373 739	1 : 1.191 754	—
30°	—	—	1 : 1.866 025	1 : 1.732 051	—
20°	—	—	1 : 2.835 461	1 : 2.747 477	—
15°	—	—	1 : 3.797 877	1 : 3.732 051	—
—	10°	—	1 : 5.715 026	1 : 5.671 282	—
—	8°	—	1 : 7.150 333	1 : 7.115 370	—
—	7°	—	1 : 8.174 928	1 : 8.144 346	—
—	6°	—	1 : 9.540 568	1 : 9.514 364	—
—	—	1 : 10	—	—	5°42′38″
5°	—	—	1 : 11.451 883	1 : 11.430 052	—
—	4°	—	1 : 14.318 127	1 : 14.300 666	—
—	3°	—	1 : 19.094 230	1 : 19.081 137	—
—	—	1 : 20	—	—	2°51′44.7″
—	2°	—	1 : 28	1 : 28	—
—	—	1 : 50	—	—	1°8′44.7″
—	1°	—	1 : 57.294 327	1 : 57.228 9962	—
—	—	1 : 100	—	—	0°34′25.5″
—	0°30′	—	1 : 144.590 820	1 : 144.588 650	—
—	—	1 : 200	—	—	0°17′11.3″
—	—	1 : 500	—	—	0°6′52.5″

表 7-6　特殊用途棱体的棱体角度与比率（摘自 GB/T 4096—2001）

基本值	推算值	用途
棱体角 β	比率 C_p	
108°	1∶0.363 271 3	V 形体
72°	1∶0.688 191 0	V 形体
55°	1∶0.960 491 2	导轨
50°	1∶1.072 253 5	榫

7.3.3　角度公差

GB/T 11334—2005 中规定的圆锥角的公差数值同样适用于棱体角，此时以角度短边长度作为基本圆锥长度。

7.3.4　未注公差角度的极限偏差

GB/T 1804—2000 对金属切削加工的圆锥角和棱体角，包括在图样上注出的角度和通常不需要标注的角度（如 90°等）规定了未注公差角度的极限偏差（表 7-7）。该极限偏差应为一般工艺方法可以保证达到的精度。应用中可根据不同产品的需要，从标准中所规定的四个未注公差角度的公差等级（精密级 f、中等级 m、粗糙级 c 和最粗级 v）中选取合适的等级。

而未注公差角度的公差等级在图样或技术文件上用标准号和公差等级表示。例如选用中等级时，则表示为 GB/T 1804-m。

表 7-7　未注公差角度的极限偏差（摘自 GB/T 1804—2000）

公差等级	长度分段/mm				
	≤10	>10~50	>50~120	>120~400	>400
精密级 f	±1°	±30′	±20′	±10′	±5′
中等级 m					
粗糙级 c	±1°30′	±1°	±30′	±15′	±10′
最粗级 v	±3°	±2°	±1′	±30′	±20′

7.4　角度和锥度的检测

检测角度和锥度的方法很多，现将常用的几种检测方法和相应的测量器具介绍如下。

7.4.1　相对检测法

相对检测法的实质是将角度量具与被测角度或锥度相比较，用光隙法或涂色法估计出被测角度或锥度的偏差，或判断被测角度或锥度是否在允许的公差范围之内。

相对检测常用的角度量具有角度量块、角度样板、直角尺和圆锥量规等。

（1）角度量块

在角度测量中，角度量块是基准量具，用来检定各种角度量具或检验精密零件的角度。成套的角度量块由 36 块或 94 块组成，每套包括三角形和四边形两种不同形状的角度量块，它们分别是有 1 个与 4 个工作角，如图 7-15 所示。角度量块具有研合性，但为保证量块间紧密贴合，组合时靠专用附件夹住，测量范围为 $10°\sim350°$，与被测对象比较时，用光隙法估定角度偏差。

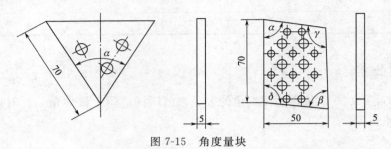

图 7-15　角度量块

（2）角度样板

角度样板是根据被测角度的两个极限角值制成的，因此有通端和止端之分。检验工件角度时，若用通端角度样板时，光线从角顶到角底逐渐增大；用止端角度样板时，光线从角顶到角底逐渐减少，这就表明，被测角度的实际值在规定的两个极限范围内时，被测角度合格（见图 7-16），反之，则不合格。

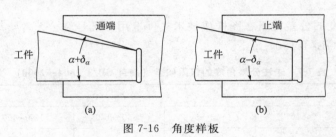

图 7-16　角度样板

（3）直角尺

直角尺的公称角度为 $90°$。用于检验工件直角偏差，是借助目测光隙或用塞尺来确定偏差大小的。图 7-17 所示为常用的两种直角尺的结构型式。

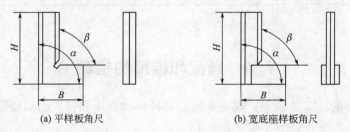

(a) 平样板角尺　　　　　　　(b) 宽底座样板角尺

图 7-17　直角尺

（4）圆锥量规

圆锥量规用于检验成批生产的内外圆锥的锥度和基面距偏差，分为圆锥塞规和套规，有莫氏和公制两种，其结构如图 7-18（a）所示。由于圆锥结合时，一般锥角公差比直径公差要求高，所以用量规检验时，首先检验锥度。在量规上沿母线方向薄薄涂上两三条显示剂（红丹或兰油），然后轻轻地和工件对研转动，如图 7-18（b）所示。根据着色接触情况判断锥角偏差，对于圆锥塞规，若显示剂能均匀地被擦去，说明锥角正确。其次，用圆锥量规检验基面距偏差，当基面处于与圆锥量规相距 Z 的两条刻线之间，即为合格。

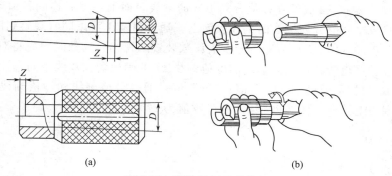

(a)　　　　　　　　　　　　(b)

图 7-18　圆锥量规及其使用

7.4.2　绝对测量法

角度的绝对测量就是直接从计量器具上读出被测角度。对于精度不高的工件，常用游标万能角度尺进行测量。对于精度较高的零件，用工具显微镜、光学测角仪、光学分度头等仪器测量。

（1）万能游标量角器

万能游标量角器又称万能角尺，是用于精确测量各种角度的专用量具，由钢尺、活动量角器、中心规和角规四部分不同用途的量具组合而成，如图 7-19（a）所示。钢尺是万能游标量角器的主件，使用时应与其他附件配合。

活动量角器上有一转盘，上面有 0°～180°的刻度值，中间有水准器，可以在 0°～180°范围内组成任意角度，使用时，调整到所需的角度后，应用螺钉固定。

中心规的两边互成 90°，装上钢尺后，钢尺与中心规尺边互成 45°，可以求出零件中心。

角规有一长边，装上钢尺后互成 90°，另一斜边与钢尺成 45°，在长边的另一端插一根划针，可供划线时使用。图 7-19（b）所示为用万能游标量角器测角度。

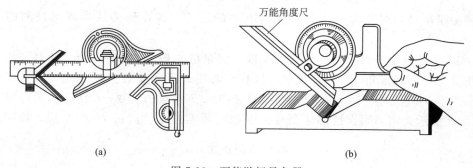

(a)　　　　　　　　　　　　(b)

图 7-19　万能游标量角器

（2）光学分度头

光学分度头一是用得较广的仪器，多用于测量工件（如花键、齿轮、铣刀等）的分度中心角。其测量范围为 0°～360°，分度值有多种。图 7-20（a）所示为分度值为 10″的光学分度头的光学系统图。

光源 6 发出的光线经滤光片 7、聚光镜 8 到反射镜 9 反射照亮主轴上分度值为 1°的玻璃分度盘 10（测量时，主轴与玻璃分度盘和被测工件同步旋转），玻璃分度盘上的刻线影像投射到前组物镜 11、棱镜 12 成像在秒值分划板 5 的刻线表面上，然后连同秒值刻线影像一起经后组物镜 4 成像在分值分划板 3 的刻线表面上。通过目镜 1 可以同时观察到度、分和秒值刻线的影像。图 7-20（b）所示为光学分度头读数装置的视场。读数时，先将双刻线 16 和分值分划板一起通过手轮转动，以使临近的度值刻线 17 准确地套在双线中间，读取"度"值；在三角形指标 13 的指示处读取"分"值；"秒"值是通过分值刻线和秒值刻线 15 光亮的连通亮线在秒值刻线上读取。图 7-20（b）的读数值为 $27°4'40''$。

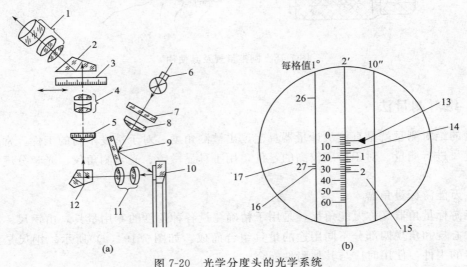

图 7-20 光学分度头的光学系统

1—目镜；2,12—棱镜；3—分值分划板；4—后组物镜；5—秒值分划板；6—光源；7—滤光片；
8—聚光镜；9—反射镜；10—玻璃分度盘；11—前组物镜；13—三角形指标；
14—连通亮线；15—秒值刻线；16—双刻线；17—度值刻线

7.4.3 间接检测法

间接测量法是通过测量与锥度或角度有关的尺寸，按几何关系换算出被测的锥度或角度。

图 7-21 所示是用正弦规测量外圆锥锥度。测量前先按公式 $h = L\sin\alpha$ 计算并组合量块组，式中 α 为公称圆锥角；L 为正弦规两圆柱中心距。然后按图 7-21 进行测量。工件锥度 $\Delta C = (h_a - h_b)/l$，式中 h_a、h_b 分别为指示表在 a、b 两点的读数，l 为 a、b 两点间距离。

图 7-22 所示为用不同直径钢球测量内圆锥的圆锥角 α。测得 H 和 h 后，按照关系式

$$\sin\frac{\alpha}{2} = \frac{D_0 - d_0}{2(H-h) + d_0 - D_0}$$，计算求得被测角度 α。

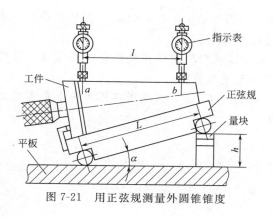

图 7-21　用正弦规测量外圆锥锥度

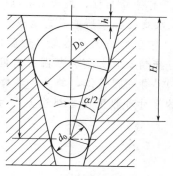

图 7-22　用钢球测量内锥角

 本章小结

　　本章主要介绍了圆锥配合分类、圆锥几何参数误差时对配合的影响，以及圆锥公差与配合国家标准。圆锥的主要几何参数有圆锥角、圆锥直径和圆锥长度等。在零件图上，圆锥直径只标注最大或最小直径，圆锥角大小也可用锥度表示。结构型圆锥配合通过控制基面距来确定装配时最终的轴向位置，可以形成不同松紧的配合。而位移型圆锥配合则从实际初始位置开始，通过控制相对轴向位移或产生轴向位移的装配力大小来确定装配时最终的轴向相对位置，从而得到所需要的间隙配合和过盈配合。对圆锥配合的要求一般可归纳为配合间隙或过盈大小（沿径向度量）、配合面的接触均匀性以及配合性质的稳定性。圆锥公差项目有四个：圆锥直径公差 T_D，圆锥角公差 AT，给定截面圆锥直径公差 T_{DS}，圆锥的形状公差 T_F。对一个具体圆锥工件，通常没有必要给出全部四项公差要求。

　　角度的检测方法有多种。直接检测法中，用角度量块、角度样板、直角尺和圆锥量规等进行检测，属于相对检测；用万能角度尺、工具显微镜、光学分度头等测角度属于绝对测量。间接测量法包括：用正弦规测外圆锥锥度，用钢球测内锥角等。

 思考题与练习

　　7-1　为什么钻头、铰刀、铣刀等的尾柄与机床主轴孔连接多用圆锥结合？

　　7-2　若某圆锥最大直径为 100mm，最小直径为 95mm，圆锥长度为 100mm，试确定圆锥角、圆锥素线角和锥度。

　　7-3　圆锥的主要几何参数有哪些？国家标准规定了哪几项圆锥公差？对于某一圆锥工件，是否需要将几个公差项目全部给出？

　　7-4　圆锥结合的极限与配合有哪些特点？

　　7-5　圆锥直径公差与给定截面的直径公差有什么不同？

　　7-6　圆锥公差的给定方法有哪几种？它们各适用于哪些场合？

　　7-7　某车床尾座顶尖套与顶尖结合采用莫氏锥度 No.4，顶尖圆锥长度 $L=118mm$，圆锥公差等级为 AT8，试查出圆锥角 α 和锥度 C，以及圆锥角公差的数值（AT_α 和 AT_D）。

7-8 有一外圆锥，最大直径 $D=200\text{mm}$，圆锥长度 $L=400\text{mm}$，圆锥直径公差等级为 IT8 级，求直径公差所能限定的最大圆锥角误差 $\Delta\alpha_{\max}$。

7-9 常用的检测圆锥角（锥度）的方法有哪些？用圆锥塞规检验内圆锥时，根据接触斑点的分布情况，如何判断圆锥角偏差是正值还是负值？

7-10 有一圆锥体，其尺寸参数为 D、d、L、C、α，试说明在零件图上是否需要把这些参数的尺寸和极限偏差都注上？为什么？

第 8 章

普通螺纹连接的公差与检测

螺纹是机器上常见的结构要素，对机器的质量有着重要影响。螺纹除要在材料上保证其强度外，对其几何精度也提出了相应要求，国家颁布了有关标准，以保证其互换性。螺纹常用于紧固连接、密封、传递力与运动等。不同用途的螺纹，对其几何精度要求也不一样。螺纹若按牙型分，有三角形螺纹、梯形螺纹、锯齿形螺纹。本章主要介绍连接用普通三角形螺纹及其公差标准。

本章重点：螺纹作用中径的概念及保证互换性的条件。

本章难点：普通螺纹公差带的构成特点及选用。

本章内容涉及的相关标准主要有：

GB/T 1095—2003《平键　键槽的剖面尺寸》；

GB/T 1144—2001《矩形花键尺寸、公差和检验》；

GB/T 275—1993《滚动轴承与轴和外壳的配合》；

GB/T 307.1—2005《滚动轴承　向心轴承公差》；

GB/T 307.3—2005《滚动轴承　通用技术规则》；

GB/T 307.4—2012《滚动轴承　公差第 4 部分：推力轴承》等。

在生产实际中，某些零部件的生产已经规范化和标准化了，但在使用时必须了解它们有关公差的规定及对它们的检测方法，以便有效地掌握它们的性能。

8.1　普通螺纹公差配合概述

在机械制造中，螺纹连接是应用最广泛的形式，它对机械的使用性能有着重要的影响。螺纹结合按用途可以分为三类：① 紧固螺纹。主要用于连接和紧固各种机械零件，如用螺钉将轴承端盖固定在箱体上。对这类螺纹的使用要求是良好的旋合性和足够的连接强度。② 传动螺纹。用于螺旋传动，如滑动螺旋传动的千斤顶起重螺纹、普通车床进给机构中的丝杠螺母副和滚动螺旋传动的滚珠丝杠副。对滑动螺旋传动螺纹的使用要求是传递动力可靠、传递位移准确和具有一定的间隙。对滚动螺旋传动螺纹的使用要求为：具有较高的行程精度、误差波动幅度小，直线度好、精度保持稳定。③ 紧密螺纹。用于使两个零件紧密连接而无泄漏的结合，如管螺纹。其中紧固螺纹中的普通螺纹应用尤为广泛。

8.2　螺纹几何参数偏差对互换性的影响

8.2.1　螺纹基本牙型及其几何参数

圆柱螺纹的牙型是指在通过螺纹轴线的剖面上螺纹轮廓的形状，由原始三角形形成，该三角形的底边平行于螺纹轴线。圆柱螺纹的基本牙型是指按规定的高度削平原始三角形顶部和底部后形成的，如图 8-1 所示。

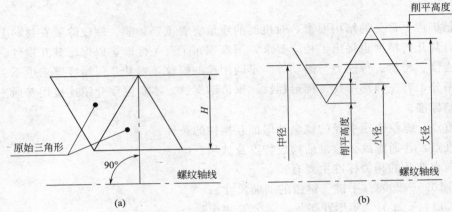

图 8-1　圆柱螺纹牙型形成

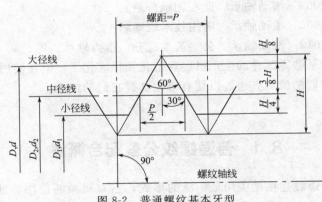

图 8-2　普通螺纹基本牙型

圆柱螺纹的几何参数是指在过螺纹轴线的剖面上沿径向或轴向计值的参数。参看图 8-2 和图 8-3，主要参数如下。

（1）大径

是指与外螺纹牙顶或内螺纹牙底相切的假想圆柱的直径。内、外螺纹大径的基本尺寸分别用符号 D 和 d 表示，且 $D = d$。普通螺纹的公称直径即是螺纹大径的基本尺寸。

（2）小径

是指与外螺纹牙底或内螺纹牙顶相切的假想圆柱的直径。内、外螺纹小径的基本尺寸分别用 D_1 和 d_1 表示，且 $D_1 = d_1$。外螺纹的大径和内螺纹的小径统称顶径，外螺纹的小径和

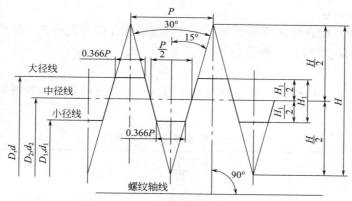

图 8-3　梯形螺纹基本牙型

H—原始三角形高度

内螺纹的大径统称底径。

（3）中径

是一个假想圆柱的直径，该圆柱的母线通过牙型上沟槽和凸起宽度相等的地方，见图 8-4。该假想圆柱称为中径圆柱。内、外螺纹中径的基本尺寸，分别用符号 D_1、D_2 和 d_1、d_2 表示，且 $D_2 = d_2$。

（4）螺距

是指相邻两牙在中径线上对应两点间的轴向距离。螺距的基本值用符号 P 表示。

（5）单一中径

是一个假想圆柱的直径，该圆柱的母线通过牙型上沟槽宽度等于螺距基本值的 1/2 的地方，如图 8-4 所示。内、外螺纹的单一中径分别用符号 D_{2s} 和 d_{2s} 表示。单一中径可以用三针法测得以表示螺纹的实际中径。

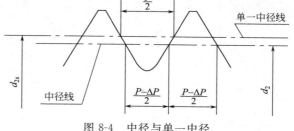

图 8-4　中径与单一中径

（6）牙型角和牙型半角

是指在螺纹牙型上两相邻牙侧间的夹角，牙型半角为牙型角的一半，见图 8-5。牙型角用符号 α 表示。普通螺纹的牙型角为 60°。

（7）牙侧角

是指在螺纹牙型上牙侧与螺纹轴线的垂线间的夹角，见图 8-5。左、右牙侧角分别用符号 α_1 和 α_2 表示。牙侧角基本值与牙型半角相等，普通螺纹牙侧角基本值为 30°。

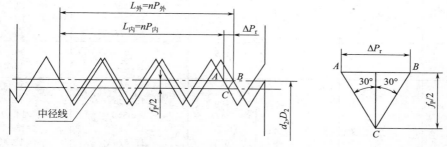

图 8-5　螺距累积误差对旋合性的影响

（8）螺纹接触高度

是指在两个相互配合螺纹的牙型上，它们的牙侧重合部分在垂直于螺纹轴线方向上的距离。普通螺纹接触高度的基本值等于 $5H/8$，见图 8-2。

（9）螺纹旋合长度

是指两个相互配合的螺纹沿螺纹轴线方向相互旋合部分的长度。普通螺纹基本尺寸系列见表 8-1。

表 8-1　普通螺纹的基本尺寸　　　　　　单位：mm

大径 D 或 d			螺距 P	中径 D_2 或 d_2	小径 D_1 或 d_1
第一系列	第二系列	第三系列			
6			1	5.350	4.917
			0.75	5.513	5.188
			(0.5)	5.675	5.459
		7	1	6.350	5.917
			0.75	6.513	6.188
			0.5	6.675	6.459
8			1.25	7.188	6.647
			1	7.350	6.917
			0.75	7.513	7.188
			(0.5)	7.675	7.459
		9	(1.25)	8.188	7.647
			1	8.350	7.917
			0.75	8.513	8.188
			(0.5)	8.675	8.459
10			1.5	9.026	8.376
			1.25	9.188	8.647
			1	9.350	8.917
			0.75	9.513	9.188
			(0.5)	9.675	9.459
		11	(1.5)	10.026	9.376
			1	10.350	9.917
			0.75	10.513	10.188
			(0.5)	10.675	10.459
12			1.75	10.853	10.106
			1.5	11.026	10.376
			1.25	10.188	10.647
			1	11.350	10.917
			(0.75)	11.513	11.188
			(0.5)	11.675	11.459
	14		2	12.701	11.835
			1.5	13.026	12.376
			(1.25)	13.188	12.647
			(1)	13.350	12.917
			(0.75)	13.513	13.188
			(0.5)	13.675	13.459
		15	1.5	14.026	13.376
			(1)	14.350	13.917
16			2	14.701	13.835
			1.5	15.026	14.376
			1	15.350	14.917
			(0.75)	15.513	15.188
			(0.5)	15.675	15.459

大径 D 或 d			螺距 P	中径 D_2 或 d_2	小径 D_1 或 d_1
第一系列	第二系列	第三系列			
	18		**2.5**	18.376	15.294
			2	18.701	15.835
			1.5	19.026	16.376
			1	19.350	16.917
			(0.75)	19.513	17.188
			(0.5)	19.675	17.459
20			**2.5**	18.376	17.294
			2	18.701	17.835
			1.5	19.026	18.376
			1	19.350	18.917
			(0.75)	19.513	19.188
			(0.5)	19.675	19.459
	22		2.5	20.376	19.294
			2	20.701	19.835
			1.5	21.026	20.376
			1	21.350	20.917
			(0.75)	21.513	21.188
			(0.5)	21.675	21.459
24			**3**	22.051	20.752
			2	22.701	21.835
			1.5	23.026	22.376
			1	23.350	22.917
			(0.75)	23.513	23.188
		25	2	23.701	22.835
			1.5	24.026	23.376
			(1)	24.350	23.917
		26	1.5	25.026	24.376
	27		**3**	25.051	23.752
			2	25.701	24.835
			1.5	26.026	25.376
			1	26.350	25.917
			(0.75)	26.513	26.188
		28	**2**	26.701	25.835
			1.5	27.026	26.376
			1	27.350	26.917
30			**3.5**	27.727	26.211
			(3)	28.051	26.752
			2	28.701	27.835
			1.5	29.026	28.376
			1	29.350	28.917
			(0.75)	29.513	29.188

注：1. 直径优先选用第 1 系列，其次第 2 系列，第 3 系列尽可能不用。

2. 括号内的螺距尽量不用。

3. 用黑体字表示的是粗牙螺纹。

8.2.2　公差原则对螺纹几何参数的应用

要实现普通螺纹的互换性，必须保证良好的旋合性和足够的连接强度。旋合性是指公称直径和螺距基本值分别相等的内、外螺纹能够自由旋合并获得所需要的配合性质。足够的连接强度是指内、外螺纹的牙侧能够均匀接触，具有足够的承载能力。

影响螺纹互换性的几何参数有：螺纹的大径、中径、小径、螺距和牙型半角。

(1) 螺纹直径偏差的影响

螺纹实际直径的大小直接影响螺纹结合的松紧。要保证螺纹结合的旋合性，就必须使内螺纹的实际直径大于或等于外螺纹的实际直径。由于相配合内、外螺纹的直径基本尺寸相同，因此，如果使内螺纹的实际直径大于或等于其基本尺寸（即内螺纹直径实际偏差为正值），而外螺纹的实际直径小于或等于其基本尺寸（即外螺纹直径实际偏差为负值），就能保证内、外螺纹结合的旋合性。但是，内螺纹实际小径不能过大，外螺纹实际大径不能过小，否则会使螺纹接触高度减小，导致螺纹连接强度不足。内螺纹实际中径也不能过大，外螺纹实际中径也不能过小，否则会削弱螺纹连接强度。所以，必须限制螺纹直径的实际尺寸，使之不过大，也不能过小。在螺纹三个直径参数中，中径的实际尺寸的影响是主要的，它直接决定了螺纹结合的配合性质。

(2) 螺距误差的影响

螺距误差分为螺距偏差和螺距累积误差。螺距偏差是指螺距的实际值与其基本值 P 之差。螺距累积误差是指在规定的螺纹长度内，任意两同名牙侧与中径线交点间的实际轴向距离与其基本值之差的最大绝对值。后者对螺纹互换性的影响更为明显。

如图 8-5 所示，假设内螺纹具有理想牙型，与之相配合的外螺纹只存在螺距误差，且它的螺距 $P_外$ 比螺纹的螺距 $P_内$（即 P）大，则在 n 个螺牙的螺纹长度（$L_外$、$L_内$）内，螺距累积误差 $\Delta P_\Sigma = |nP_外 - nP_内|$。螺距累积误差的存在，使内、外螺纹牙侧产生干涉而不能旋合。为了使具有螺距累积误差的外螺纹能够旋入理想的内螺纹，只需将外螺纹牙侧上的 B 点移至与内螺纹牙侧上的 C 点接触，即需要将外螺纹的中径减小一个数值 f_P。同理，在 n 个螺牙的螺纹长度内，内螺纹存在螺距累积误差 ΔP_Σ 时，为了保证旋合性，就必须将内螺纹的中径增大一个数值 F_P。f_P 和 F_P 称为螺距误差的中径当量。由图 8-5 中的 $\triangle ABC$ 可得出 f_P 与 ΔP_Σ 的关系如下：

$$f_P（或 F_P）= 1.732\Delta P_\Sigma \tag{8-1}$$

由上式可知，如果 ΔP_Σ 过大，内、外螺纹中径要分别增大或减小许多，虽可保证旋合性，却使螺纹实际接触的螺牙数目减少，载荷集中在螺牙接触面的接触部位，造成螺牙接触面接触压力增加，降低螺纹连接强度。

(3) 牙侧角偏差的影响

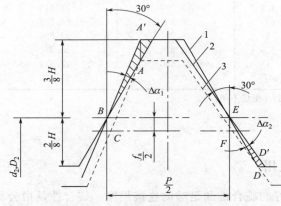

图 8-6 牙侧角偏差对旋合性的影响

牙侧角偏差是指牙侧角的实际值与其基本值之差，它包括螺纹牙侧的形状误差和牙侧相对于螺纹轴线的位置误差。

如图 8-6 所示，假设内螺纹 1 具有理想牙型（左、右牙侧角的大小均为基本值 30°），外螺纹 2 仅存在牙侧角偏差。图中，外螺纹左牙侧角偏差 $\Delta\alpha_1 < 0$，右牙侧角偏差 $\Delta\alpha_2 > 0$，则会在内、外螺纹牙侧产生干涉而不能旋合。为了消除干涉，保证旋合性，就必须将外螺纹螺牙沿垂直于螺纹轴线的方向向螺纹轴线移动 $f_0/2$ 到达虚线 3 处，即需将外螺纹中径减少一个数

值 F_0。f_0（或 F_0）称为牙侧角偏差的中径当量。由图 8-5 可得出 f_P 与 ΔP_Σ 的关系如下：

$$f_P = 0.073\Delta P_\Sigma(K_1|\Delta\alpha_1| + K_2|\Delta\alpha_2|) \tag{8-2}$$

对于外螺纹，当 $\Delta\alpha_1$（或 $\Delta\alpha_2$）为正时，在中径与小径之间的牙侧产生干涉，K_1（或 K_2）取 2；当 $\Delta\alpha_1$（或 $\Delta\alpha_2$）为负时，在中径与大径之间的牙侧产生干涉，K_1（或 K_2）取 3。对于内螺纹，当 $\Delta\alpha_1$（或 $\Delta\alpha_2$）为正时，在中径与大径之间的牙侧产生干涉，K_1（或 K_2）取 3；当 $\Delta\alpha_1$（或 $\Delta\alpha_2$）为负时，在中径与小径之间的牙侧产生干涉，K_1（或 K_2）取 2。螺纹存在牙侧角偏差时，通过将外螺纹中径减小一个数值 f_0、将内螺纹中径增大一个数值 f_a，虽可保证旋合性，但内、外螺纹的牙侧角不相等，会使牙侧接触面积减小，也会使载荷相对集中到接触部位，造成接触压力增加，降低螺纹连接强度。

8.3　普通螺纹的公差与配合

8.3.1　普通螺纹的公差带

普通螺纹的公差带与尺寸公差带一样，其位置由基本偏差决定，大小由公差等级决定。普通螺纹国家标准 GB/T 197—2003 规定了螺纹的大、中、小径的公差带。

（1）螺纹公差带的大小和公差等级

螺纹的公差等级见表 8-2。其中 6 级是基本级；3 级公差值最小，精度最高；9 级精度最低。各级公差值见表 8-3 和表 8-4。由于内螺纹的加工比较困难，同一公差等级内螺纹中径公差比外螺纹中径公差大 32% 左右。

表 8-2　螺纹的公差等级

螺纹直径	公差等级	螺纹直径	公差等级
外螺纹中径 d_2	3、4、5、6、7、8、9	内螺纹中径 D_2	4、5、6、7、8
外螺纹大径 d	4、6、8	内螺纹小径 D_1	4、5、6、7、8

表 8-3　普通螺纹的基本偏差和顶径公差　　　单位：mm

螺距 P/mm	内螺纹的基本偏差 EI		外螺纹的基本偏差 es				内螺纹小径公差 T_{D1} 公差等级					外螺纹大径公差 T_d 公差等级		
	G	H	e	f	g	h	4	5	6	7	8	4	6	8
1	+26		60	40	26		150	190	236	300	375	112	180	280
1.25	+28		63	42	28		170	212	265	335	425	132	212	335
1.5	+32		67	45	32		190	236	300	375	485	150	236	375
1.75	+34		71	48	34		212	265	335	425	530	170	365	425
2	+38	0	71	52	38	0	236	300	375	475	600	180	380	450
2.3	+42		80	58	42		280	355	450	560	710	212	225	530
3	+48		85	63	48		315	400	500	630	800	236	275	600
3.5	+53		90	70	53		355	450	560	710	900	265	425	670
4	+60		95	75	60		375	475	600	750	950	300	475	750

表 8-4 普通螺纹的中径公差　　　　　　　　　　　　　单位：mm

公称直径 D/mm		螺距 P/mm	内螺纹中径公差 T_{D2}					外螺纹中径公差 T_{d2}						
>	≤		公差等级					公差等级						
			4	5	6	7	8	3	4	5	6	7	8	9
5.6	11.2	0.5	71	90	112	140		42	53	67	85	106		
		0.75	85	106	132	170		50	63	80	100	125		
		1	95	118	150	190	236	56	71	90	112	140	180	224
		1.25	100	125	160	200	250	60	75	95	118	150	190	236
		1.5	112	140	180	224	280	67	85	106	132	170	212	295
11.2	22.4	0.5	75	95	118	150		45	56	71	90	112		
		0.75	90	112	140	180		53	67	85	106	132		
		1	100	125	160	200	250	60	75	95	118	150	190	236
		1.25	112	140	180	224	280	67	85	106	132	170	212	265
		1.5	118	150	190	236	300	71	90	112	140	180	224	280
		1.75	125	160	200	250	315	75	95	118	150	190	236	300
		2	132	170	212	265	335	80	100	125	160	200	250	315
		2.5	140	180	224	280	355	85	106	132	170	212	265	335
22.4	45	0.75	95	118	150	190			56	71	90	112	140	
		1	106	132	170	212		63	80	100	125	160	200	250
		1.5	125	160	200	250	315	75	95	118	150	190	236	300
		2	140	180	224	280	355	85	106	132	170	212	265	335
		3	170	212	265	335	425	100	125	160	200	250	315	400
		3.5	180	224	280	355	450	106	132	170	212	265	335	425
		4	190	236	300	375	475	112	140	180	224	280	355	450
		4.5	200	250	315	400	500	118	150	190	236	300	375	475

　　由于外螺纹的小径 d_1 与中径 d_2、内螺纹的大径 D 和中径 D_2 是同时由刀具切出的，其尺寸在加工过程中自然形成，由刀具保证，因此国家标准中对内螺纹的大径和外螺纹的小径均不规定具体的公差值，只规定内、外螺纹牙底实际轮廓的任何点均不能超过基本偏差所确定的最大实体牙型。

　　（2）螺纹公差带的位置和基本偏差

　　螺纹的公差带是以基本牙型为零线布置的，其位置如图 8-7 所示。螺纹的基本牙型是计算螺纹偏差的基准。国家标准中对内螺纹只规定了两种基本偏差 G、H。基本偏差为下偏差 EI。如图 8-7（a）、图 8-7（b）所示。对外螺纹规定了四种基本偏差 e、f、g、h，基本偏差为上偏差 es。如图 8-7（c）、图 8-7（d）所示。H 和 h 的基本偏差为零，G 的基本偏差值为正，e、f、g 的基本偏差值为负，见表 8-3。

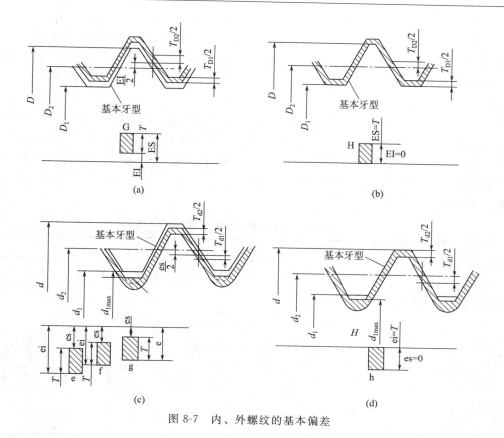

图 8-7 内、外螺纹的基本偏差

按螺纹的公差等级和基本偏差可以组成很多公差带，普通螺纹的公差带代号由表示公差等级的数字和基本偏差字母组成，如 6h、5G 等，与一般的尺寸公差带符号不同，其公差等级符号在前，基本偏差代号在后。

8.3.2 螺纹公差带的选用

在生产中为了减少刀具、量具的规格和种类，国家标准中规定了既能满足当前需要而数量又有限的常用公差带，如表 8-5 所示。表中规定了优先、其次和尽可能不用的选用顺序。除了特殊需要之外，一般不应该选择标准规定以外的公差带。

表 8-5 普通螺纹选用公差带

旋合长度		内螺纹选用公差带			外螺纹选用公差带		
		S	N	L	S	N	L
精密		4H	4H5H	5H6H	(3h4h)	4h*	(5h4h)
配合精度	中等	5H* (5G)	6H* (6G)	7H* (7G)	(5h6h)(5g6h)	6H* 6g* 6e* 6f*	(7h6h)(7g6g)
	粗糙	—	7H(7G)	—	—	(8h)8g	—

注：带"*"的公差带优先选用，不带"*"的公差带其次选用，加括号的公差带尽量不用，大量生产的精制紧固螺纹推荐采用带方框的公差带。

（1）配合精度的选用

GB/T 197—2003 中规定螺纹的配合精度分精密、中等和粗糙三个等级。精密级螺纹主要用于要求配合性能稳定的螺纹；中等级用于一般用途的螺纹；粗糙级用于不重要或难以制造的螺纹，如长盲孔攻螺纹或热轧棒上的螺纹。一般以中等旋合长度下的 6 级公差等级为中等精度的基准。

（2）旋合长度的确定

由于短件易加工和装配，长件难加工和装配，因此螺纹旋合长度影响螺纹连接件的配合精度和互换性。国家标准中对螺纹连接规定了短、中等和长三种旋合长度，分别用 S、N、L 表示（见表 8-6），一般优先选用中等旋合长度。从表 8-6 中可以看出，在同一精度中，对不同的旋合长度，其中径所采用的公差等级也不相同，这是考虑到不同旋合长度对螺纹的螺距累积误差有不同的影响。

表 8-6　螺纹的旋合长度（摘录）　　　　　　　　　　　单位：mm

公称直径 D、d		螺距 P	旋合长度			
			S		N	L
>	≤		≤	>	≤	>
5.6	11.2	0.5	1.6	1.6	4.7	4.7
		0.75	2.4	2.4	7.1	7.1
		1	2	2	9	9
		1.25	4	4	12	12
		1.5	5	5	15	15
11.2	22.4	0.5	1.8	1.8	5.4	5.4
		0.75	2.7	2.7	8.1	8.1
		1	3.8	3.8	11	11
		1.25	4.5	4.5	13	13
		1.5	5.6	5.6	16	16
		1.75	6	6	18	18
		2	8	8	24	24
		2.5	10	10	30	30

（3）公差等级和基本偏差的确定

根据配合精度和旋合长度，由表 8-5 中选定公差等级和基本偏差，具体数值见表 8-4 和表 8-3。

（4）配合的选用

内外螺纹配合的公差带可以任意组合成多种配合，在实际使用中，主要根据使用要求选用螺纹的配合。为保证螺母、螺栓旋合后同轴度较好和足够的连接强度，选用最小间隙为零的配合（H/h）；为了拆装方便和改善螺纹的疲劳强度，可选用小间隙配合（H/g 和 G/h）；需要涂镀保护层的螺纹，间隙大小取决于镀层厚度，如：5μm 则选用 6H/6g；8μm 则选用 6H/6e；内外均涂则选用 6G/6e。

8.3.3　普通螺纹的标记

螺纹的完整标记由螺纹代号、螺纹公差带代号和旋合长度代号等组成。螺纹公差带代号包括中径公差带代号和顶径（外螺纹大径和内螺纹小径）公差带代号。公差带代号是由表示其大小的公差等级数字和表示其位置的基本偏差代号组成的。对细牙螺纹还需要标注出螺距。在零件图上的普通螺纹标记示例：

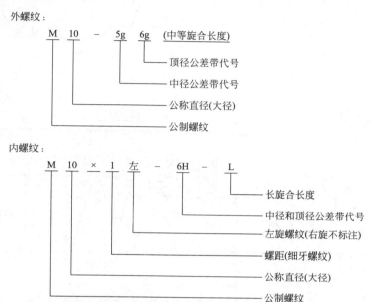

在装配图上，内外螺纹公差带代号用斜线分开，左内右外。如：M8×2-6H/5g 6g。必要时，在螺纹公差带代号之后加注旋合长度代号 S 或 L（中等旋合长度代号 N 不标注），如：M8-5 g 6g-S。特殊需要时，可以标注旋合长度的数值，如：M8－5 g 6g－25 螺纹的旋合长度为 25mm。

8.4　螺纹的检测

普通螺纹是多参数要素，有两类检测方法：综合检验和单项测量。

8.4.1　综合检验

普通螺纹的综合检验指用量规对影响螺纹互换性的几何参数偏差的综合结果进行检验。其中包括：使用普通螺纹量规通规和止规分别对被测螺纹的作用中径（含底径）和单一中径进行检验；使用光滑极限量规对被测螺纹的实际顶径进行检验。

检验内螺纹用的螺纹量规称为螺纹塞规，检验外螺纹用的量规称为螺纹环规。螺纹量规的设计应符合泰勒原则。如图 8-8 和图 8-9 所示，螺纹量规通规模拟被测螺纹的最大实体牙型，检验被测螺纹的作用中径是否超出其最大实体牙型的中径，并同时检验底径实际尺寸是否超出其最大实体尺寸。因此，通规应具有完整的牙型，并且螺纹的长度等于被测螺纹的旋合长度。止规用来检验被测螺纹的单一中径是否超出其最小实体牙型的中径。因此止规采用截短牙型，并且只有 2～3 个螺距的螺纹长度，以减少牙侧角偏差和螺距误差对检验结果的影响。

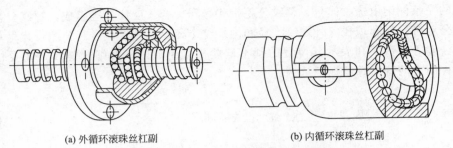

(a) 外循环滚珠丝杠副   (b) 内循环滚珠丝杠副

图 8-8   用螺纹塞规和光滑极限塞规检验内螺纹

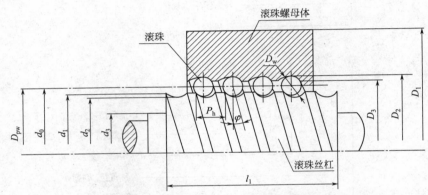

图 8-9   用螺纹环规和光滑极限卡规检验外螺纹

如果被测螺纹能够与螺纹通规旋合通过，且与螺纹止规不完全旋合通过（螺纹止规只允许与被测螺纹两端旋合，旋合量不得超过两个螺距），就表明被测螺纹的作用中径没有超出其最大实体牙型的中径，且单一中径没有超出其最小实体牙型的中径，那么就可以保证旋合性和连接强度，则被测螺纹中径合格，否则不合格。

螺纹塞规、螺纹环规的通规和止规的中径、大径、小径和螺距、牙侧角都要分别确定相应的基本尺寸及极限偏差。检验螺纹顶径用的光滑极限量规通规和止规也要分别确定相应的定形尺寸及极限偏差，与检验孔、轴用的光滑极限量规类似。这些在 GB/T 3934－2003《普通螺纹量规   技术条件》及其附录中都有具体规定。

8.4.2   单项测量

普通螺纹的单项测量是指分别对螺纹的各个几何参数进行测量。单项测量用于螺纹工件的工艺分析和螺纹量规、螺纹刀具的测量。常用的螺纹单项测法有以下几种。

（1）三针法测量外螺纹单一中径

如图 8-10 所示，将三根直径皆为 d_0 的刚性圆柱形量针放在被测螺纹对径位置的沟槽中，与两牙侧面接触，测量这三根量针外侧母线之间的距离（针距 M）。量针放入螺纹沟槽后，其轴线并不与螺纹轴线垂直，而是顺着螺纹沟槽的旋向偏斜。量针与两牙侧面的接触点在螺纹法向剖面内，而不在通过螺纹轴线的剖面内。由于普通螺纹的螺旋升角很小，法向剖面与通过螺纹轴线的剖面间的夹角就很小，所以可近似地认为量针与两牙侧面在通过螺纹轴线的剖面内接触。由图 8-10 可见，被测螺纹的单一中径 d_2 与 d_0、M、被测螺纹的螺距 P、牙型半角 $\alpha/2$ 有如下关系：

$$d_2 = M - d_0\left[1 + \frac{1}{\sin\dfrac{\alpha}{2}}\right] + \frac{P}{2}\tan\frac{\alpha}{2} \tag{8-3}$$

由式（8-3）可知，影响单一中径测量精度的因素有：测量针距 M 时量仪的误差，量针形状误差和直径偏差，被测螺纹的螺距偏差和牙侧角偏差。为了避免牙侧角偏差对测量结果的影响，就必须选择量针的最佳直径，使量针与被测螺纹两牙侧面接触的两个切点间的轴向距离等于螺距基本值的一半（$P/2$）。量针最佳直径 d_0 用下式计算：

$$d_0 = \frac{P}{2\cos\dfrac{\alpha}{2}}$$

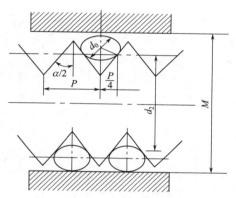

图 8-10　三针法测量外螺纹中径

（2）影像法测量螺纹各几何参数

影像法测量螺纹是指用工具显微镜将被测螺纹的牙型轮廓放大成像，按被测螺纹的影像来测量其螺距、牙侧角和中径，也可测量其大径和小径。

（3）用螺纹千分尺测量外螺纹中径

螺纹千分尺是测量低精度螺纹的量具。如图 8-11 所示，将一对符合被测螺纹牙型角和螺距的锥形测头 3 和 V 形槽测头 2，分别插入千分尺两测砧的位置，以测量螺纹中径。为了满足不同螺距的被测螺纹的需要，螺纹千分尺带有一套可更换的不同规格的测头。将锥形测头和 V 形槽测头安装在内径千分尺上，也可以测量内螺纹。

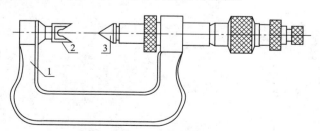

图 8-11　螺纹千分尺

1—千分尺身；2—V 形槽测头；3—锥形测头

本章小结

本章主要介绍了螺纹的种类、用途，普通螺纹的基本牙型和主要几何参数，螺距误差和牙型半角偏差对螺纹互换性的影响，作用中径及中径合格条件；螺纹标记及普通螺纹公差带的特点，普通螺纹的常用检测方法等。要求理解螺距误差和牙型半角误差对螺纹互换性的影响，作用中径的含义及中径合格的条件。熟悉保证螺纹互换性要求的条件。

 思考题与练习

8-1 影响螺纹互换性的主要因素有哪些？

8-2 假定螺纹的实际中径在中径极限尺寸范围内，是否就可以判定该螺纹合格？

8-3 圆柱螺纹的单项检验与综合检验各有什么特点？

8-4 丝杠螺纹和普通螺纹的精度要求有什么不同之处？

8-5 计算外螺纹中径、大径和内螺纹中径、小径的极限偏差，并绘出公差带图。

8-6 试选择螺纹连接 M20×2 的公差与基本偏差。其工作条件要求旋合性和连接强度好，螺纹的生产条件是大批量生产。

第 **9** 章

常用结合件的公差与检测

单键、花键及滚动轴承是机械产品中几种常用结合件。本章将分别介绍有关平键、花键、滚动轴承的公差特点及一般检测方法。

通过本章学习，读者应掌握平键、矩形花键连接的公差与配合特点、几何公差和表面粗糙度的选用与标注方法；掌握矩形花键连接的定心方式及理由；了解平键与花键连接采用的基准制的理由；了解滚动轴承的工作要求、主要几何参数及其对互换性的影响；掌握滚动轴承内、外径公差带的位置特点，滚动轴承的精轴等级及其应用情况；初步掌握与滚动轴承配合的轴、外壳孔公差带的位置特点，滚动轴承的精度等级及其应用情况；初步掌握与滚动轴承配合的轴、外壳孔的尺寸公差带的选用与标注方法。

本章内容涉及的相关标准主要有：

GB/T 1095—2003《平键　键槽的剖面尺寸》；

GB/T 1144—2001《矩形花键尺寸、公差和检验》；

GB/T 275—1993《滚动轴承与轴和外壳的配合》；

GB/T 307.1—2005《滚动轴承　向心轴承公差》；

GB/T 307.3—2005《滚动轴承　通用技术规则》；

GB/T 307.4—2012《滚动轴承　公差第 4 部分：推力轴承》等。

在生产实际中，某些零部件的生产已经规范化和标准化了，但在使用时必须了解它们有关公差的规定及对它们的检测方法，以便有效地掌握它们的性能。

9.1　单键的公差与检测

单键连接广泛用于轴与轴上传动零件（如齿轮、带轮等）之间的连接。

键又称为单键，分为平键、半圆键和楔形键等几种，其中平键的应用最广泛，如图 9-1 所示。这里只讨论平键的公差与检测。

9.1.1　平键连接的几何参数

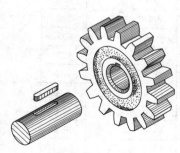

图 9-1　键连接

平键连接由键、轴槽和轮毂槽 3 部分组成，如图 9-2 所示。其结合尺寸有键宽、键槽宽（轴槽宽和轮毂槽宽）、键高、槽深和键长等参数。由于平键连接是通过键的侧面与轴槽和轮毂槽的侧面相互接触来传递转矩的，因此在平键连接的结合尺寸中，键和键槽的宽度是配合尺寸，应规定较为严格的公差。其余的尺寸为非配合尺寸，可规定较松的公差。

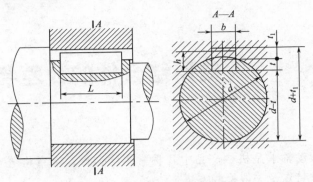

图 9-2　平键连接的几何参数

平键连接的剖面尺寸均已标准化，在 GB/T 1095—2003《平键键槽的剖面尺寸》中作了规定（见表 9-1）。

表 9-1　平键键槽的剖面尺寸（摘自 GB/T 1095—2003）　　　　单位：mm

轴	键	键 槽									
			宽 度 b					深 度			
				极限偏差				轴 t		毂 t_1	
公称直径 d	尺寸 $b \times h$	公称尺寸 b	较松键连接		一般键连接		较紧键连接				
			轴 N9	毂 D10	轴 N9	毂 JS9	轴和毂 P9	公称尺寸	极限偏差	公称尺寸	极限偏差
12～17	5×5	5	+0.030 0	+0.078 +0.030	0 −0.030	±0.015	−0.012 −0.042	3.0	+0.1 0	2.3	+0.1 0
17～22	6×6	6						3.5		2.8	
22～30	8×7	8	+0.036 0	+0.098 +0.040	0 −0.036	±0.018	−0.015 −0.051	4.0		3.3	
30～38	10×8	10						5.0		3.3	
38～44	12×8	12	+0.043 0	+0.120 +0.050	0 −0.043	±0.0215	−0.018 −0.061	5.0		3.3	
44～50	14×9	14						5.5		3.8	
50～58	16×10	16						6.0	+0.2 0	4.3	+0.2 0
58～65	18×11	18						7.0		4.4	
65～75	20×12	20	+0.052 0	+0.149 +0.065	0 −0.052	±0.026	−0.022 −0.074	7.5		4.9	
75～85	22×14	22						9.0		5.4	
85～95	25×14	25						9.0		5.4	
95～110	28×16	28						10.0		6.4	
110～130	32×18	32	+0.062 0	+0.180 +0.080	0 −0.062	±0.031	−0.026 −0.088	11.0		7.4	
130～150	36×20	36						12.0		8.4	
150～170	40×22	40						13.0	+0.3 0	9.4	+0.3 0
170～200	45×25	45						15.0		10.4	
200～230	50×28	50						17.0		11.4	

注：$(d-t)$ 和 $(d+t_1)$ 两组合尺寸的极限偏差按相应的 t 和 t_1 的极限偏差选取，但 $(d-t)$ 的极限偏差应取负号。

在图 9-2 剖面尺寸中，b 为键和键槽（包括轴槽和轮毂槽）的宽度，t 为轴和轮毂槽的深度，h 为键的高度（$t+t_1-h=0.2\sim0.5\,\mathrm{mm}$），$L$ 为键的长度，d 为轴和轮毂孔直径。

在设计平键连接时，轴径 d 确定后，平键的规格参数也就根据轴径 d 而确定了（见表 9-1）。

9.1.2　平键连接的公差与配合

平键连接中的键是用标准的精拔钢制造的。在键宽与键槽宽的配合中，键宽相当于"轴"，键槽宽相当于"孔"。由于键宽同时要与轴槽宽和轮毂槽宽配合，而且配合性质往往又不同，因此键宽与键槽宽的配合均采用基轴制。

GB/T 1095—2003 规定，键宽与键槽宽的公差带按 GB/T 1801—2009 中选取。对键宽规定了一种公差带，对轴槽宽和轮毂槽宽各规定了 3 种公差带（见图 9-3），构成 3 种配合，以满足各种不同用途的需要。3 种配合的应用场合见表 9-2。

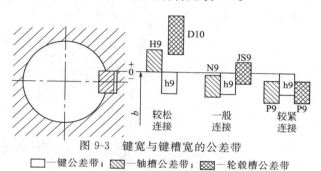

图 9-3　键宽与键槽宽的公差带

□—键公差带；▨—轴槽公差带；▩—轮毂槽公差带

表 9-2　平键连接的 3 种配合及其应用

配合种类	尺寸 b 的公差带			应　用
	键	轴键槽	轮毂键槽	
较松连接		H9	D10	用于导向平键,轮毂可在轴上移动
一般连接	h9	N9	JS9	键在轴键槽中和轮毂键槽中均固定,用于载荷不大的场合
较紧连接		P9	P9	键在轴键槽中和轮毂键槽中均牢固地固定,用于载荷较大,有冲击和双向转矩的场合

9.1.3　平键连接的形位公差及表面粗糙度

为保证键宽与键槽宽之间有足够的接触面积和避免装配困难，应分别规定轴槽和轮毂槽的对称度公差。根据不同的使用情况，按 GB/T 1184—1996 中对称度公差的 7～9 级选取，以键宽 b 为基本尺寸。

当键长 L 与键宽 b 之比大于或等于 8 时（$L/b\geqslant8$），还应规定键的两工作侧面在长度方向上的平行度要求。

作为主要配合表面，轴槽和轮毂槽的键槽宽度 b 两侧面的表面粗糙度 Ra 一般取 $1.6\sim3.21\,\mu m$，轴槽底面和轮毂槽底面的表面粗糙度参数取 $6.3\,\mu m$。

在键连接工作图中，考虑到测量方便，轴槽深 t 用（$d-t$）标注，其极限偏差与 t 相反；轮毂槽深用（$D+t_1$）标注，其极限偏差与 t_1 相同。

9.1.4 平键的检测

在单件小批量生产中，通常采用游标尺、千分尺等通用计量器具测量键槽尺寸。键槽对其轴线的对称度误差可用图 9-4（b）所示的方法进行测量。把与键槽宽度相等的定位块插入键槽，用 V 形块模拟基准轴线，首先进行截面测量，调整被测件使定位块沿径向与平板平行，测量定位块至平板的距离，再把被测件旋转 180°，重复上述测量，得到该截面上下相对应点的读数差为 a，则该截面的对称度误差为

$$f_{截} = ah/(d-h)$$

式中 d——轴的直径；

  h——轴槽深。

接下来再进行长向测量。沿键槽长度方向测量，取长向两点的最大读数差为长向对称度误差：$f_长 = a_高 - a_低$。取 $f_截$、$f_长$ 中最大值作为该零件对称度误差的近似值。当对称度符合相关公差原则时，可使用键槽对称度量规检验，如图 9-4（d）、图 9-4（f）所示。

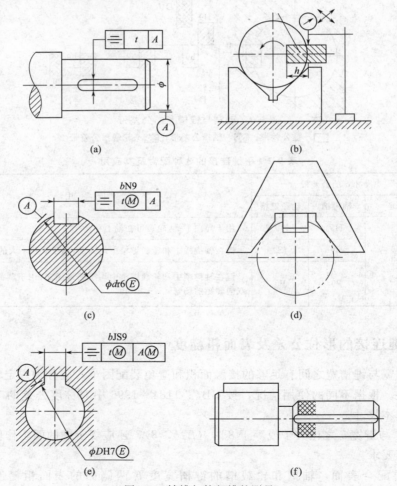

图 9-4　轴槽与轮毂槽的测量

9.1.5　应用举例

【例 9-1】 有一减速器中的轴和齿轮间采用普通平键连接，已知轴和齿轮孔的配合是 $\phi 56H7/r6$，试确定轴槽和轮毂槽的剖面尺寸及其公差带、相应的形位公差和各个表面的粗糙度参数值，并把它们标注在断面图中。

解： ① 由表 9-1 查得直径为 $\phi 56$ 的轴孔用平键的尺寸为 $b \times h = 16 \times 10$。

② 确定键连接：减速器中轴与齿轮承受一般载荷，故采用正常连接。查表 9-1 得轴槽公差带为 $16N9 \binom{0}{+3.034}$，轮毂槽公差带为 $16JS9 (\pm 0.0215)$。

轴槽深 $t = 6.0^{+0.2}_{0}$，$d - t = 50^{0}_{-0.2}$；

轮毂槽深 $t_1 = 4.3^{+0.2}_{0}$，$d + t_1 = 60.3^{+0.2}_{0}$。

③ 确定键连接形位公差和表面粗糙度：轴槽对轴线及轮毂槽对孔轴线的对称度公差按 GB/T 1184—1996 中的 8 级选取，公差值为 $0.020mm$。

轴槽及轮毂槽槽侧面表面粗糙度 Ra 为 $3.21\mu m$，底面 Ra 为 $6.3\mu m$。

图样标注如图 9-5 所示。

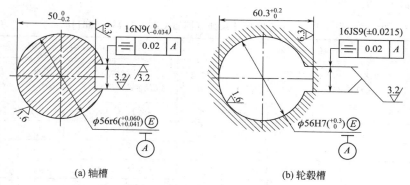

(a) 轴槽　　　　　　　　　　　　　　(b) 轮毂槽

图 9-5　键槽尺寸和公差的标注

9.2　花键的公差与检测

与单键相比，花键连接具有以下优点：定心精度高、导向性能好、承载能力强。花键连接可作固定连接，也可作滑动连接，因而在机械中获得广泛应用。

花键的类型有矩形花键、渐开线花键和三角形花键几种。其中矩形花键（图 9-6）应用最广泛。本节只介绍矩形花键的公差配合。

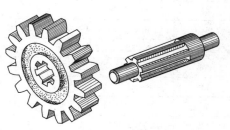

图 9-6　矩形花键

9.2.1　矩形花键的主要尺寸

矩形花键的主要尺寸有 3 个，即大径 D、小径 d 和键宽（键槽宽）B，如图 9-7 所示。

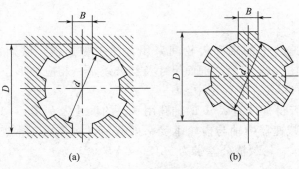

图 9-7 矩形花键的主要尺寸

GB/T 1144—2001《矩形花键尺寸、公差和检验》规定了矩形花键连接的尺寸系列、定心方式、公差配合、标注方法及检测规则。矩形花键的键数为偶数，有 6、8、10 三种。按承载能力不同，矩形花键分为中、轻两个系列，中系列的键高尺寸较轻系列大，故承载能力强。

矩形花键的尺寸系列见表 9-3。

表 9-3 矩形花键尺寸系列（摘自 GB/T 1144—2001） 单位：mm

小径(d)	轻 系 列				中 系 列			
	规格 (N×d×D×B)	键数 (N)	大径 (D)	键宽 (B)	规格 (N×d×D×B)	键数 (N)	大径 (D)	键宽 (B)
11					6×11×14×3	6	14	3
13					6×13×16×3.5	6	16	3.5
16					6×16×20×4	6	20	4
18					6×18×22×5	6	22	5
21					6×21×25×5	6	25	5
23	6×23×26×6	6	26	6	6×23×28×6	6	28	6
26	6×26×30×6	6	30	6	6×26×32×6	6	32	6
28	6×28×32×7	6	32	7	6×28×34×7	6	34	7
32	8×32×36×6	8	36	6	8×32×38×6	8	38	6
36	8×36×40×7	8	40	7	8×36×42×7	8	42	7
42	8×42×46×8	8	46	8	8×42×48×8	8	48	8
46	8×46×50×9	8	50	9	8×46×54×9	8	54	9
52	8×52×58×10	8	58	10	8×52×60×10	8	60	10
56	8×56×62×10	8	62	10	8×56×65×10	8	65	10
62	8×62×68×12	8	68	12	8×62×72×12	8	72	12
72	10×72×78×12	10	78	12	10×72×82×12	10	82	12
82	10×82×88×12	10	88	12	10×82×92×12	10	92	12
92	10×92×98×14	10	98	14	10×92×102×14	10	102	14
102	10×102×108×16	10	108	16	10×102×112×16	10	112	16
112	10×112×120×18	10	120	18	10×112×125×18	10	125	18

9.2.2 矩形花键连接

（1）矩形花键的定心

花键连接的主要尺寸有 3 个，为了保证使用性能，改善加工工艺，只能选择一个结合面作为主要配合面，对其规定较高的精度，以保证配合性质和定心精度，该表面称为定心表面，如图 9-8 所示。国家标准 GB/T 1144—2001《矩形花键尺寸、公差和检验》规定矩形花键用小径定心，如图 9-8（a）所示。当前，内、外花键表面一般都要求淬硬（40HRC 以上），以提高其强度、硬度和耐磨性。小径定心有一系列优点。采用小径定心时，对热处理后的变形，外花键小径可采用成型磨削来修正，内花键小径可用内圆磨修正，而且用内圆磨还可以使小径达到更高的尺寸、形状精度和更高的表面粗糙度要求。因而小径定心的定心精度高，定心稳定性好，使用寿命长，有利于产品质量的提高。而内花键的大径和键侧则难于进行磨削，标准规定内、外花键在大径处留有较大的间隙。矩形花键是靠键侧传递转矩的，所以键宽和键槽宽应保证足够的精度。

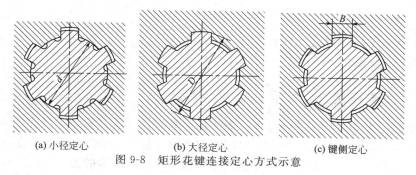

（a）小径定心　　　　（b）大径定心　　　　（c）键侧定心

图 9-8　矩形花键连接定心方式示意

（2）矩形花键的公差与配合

分两种情况：一种为一般用途矩形花键，另一种为精密传动用矩形花键。其内、外花键的尺寸公差带见表 9-4。

表 9-4　内、外花键的尺寸公差带（摘自 GB/T 1144—2001）

内　花　键				外　花　键			装配形式
d	D	B		d	D	B	
		拉削后不热处理	拉削后热处理				
一般用							
H7	H10	H9	H11	f7	a11	d10	滑动
				g7		f9	紧滑动
				h7		h10	固定
精密传动用							
H5	H10	H7、H9		f5	a11	d8	滑动
				g5		f7	紧滑动
				h5		h8	固定
H6				f6		d8	滑动
				g6		f7	紧滑动
				h6		h8	固定

注：1. 精密传动用的内花键，当需要控制键侧配合间隙时，槽宽可选 H7，一般情况下选 H9。

2. d 为 H6 和 H7 的内花键，允许与提高一级的外花键配合。

表 9-4 中公差带及其极限偏差数值与 GB/T 1800—2009《产品几何技术规范（GPS）极限与配合》规定一致。

为了减少加工和检验内花键用花键拉刀和花键量规的规格和数量，矩形花键连接采用基孔制配合。

定心直径 d 的公差带在一般情况下，内、外花键取相同的公差等级，这个规定不同于普通光滑孔、轴的配合（一般精度较高的情况下，孔比轴低一级），主要是考虑到矩形花键采用小径定心，使加工难度由内花键转为外花键。但在有些情况下，内花键允许与提高一级的外花键配合。公差带为 H7 的内花键可以与公差带为 f6、g6、h6 的外花键配合；公差带为 H6 的内花键，可以与公差带为 f5、g5、h5 的外花键配合，这主要是考虑矩形花键常用来作为齿轮的基准孔，在贯彻齿轮标准过程中，有可能出现外花键的定心直径公差等级高于内花键定心直径公差等级的情况。

矩形花键规格的标记为 $N \times d \times D \times B$，即键数×小径×大径×键宽。例如 $6 \times 23 \times 26 \times 6$ 表明花键连接的配合性质时，按 GB/T 1144—2001 还应该在其基本尺寸后加注配合代号。例如

$$6 \times 23\ \frac{H7}{f6} \times 26\ \frac{H10}{a11} \times 6\ \frac{H11}{d10} \qquad (GB/T\ 1144-2001)$$

即内花键为　$6 \times 23H7 \times 26H10 \times 6H11$；

外花键为　$6 \times 23f6 \times 26a11 \times 6d10$。

9.2.3　矩形花键连接公差配合的选用与标注

矩形花键公差配合的选用关键是确定连接精度和配合松紧程度。

根据定心精度要求和传递转矩大小选用连接精度。精密传动因花键连接定心精度高、传递转矩大而且平稳，多用于精密机床主轴变速箱以及重载减速器中轴与齿轮内花键的连接。

配合松紧程度的选用首先根据内、外花键之间是否有轴向移动来确定选择固定连接还是滑动连接。对于内、外花键之间要求有相对移动，而且移动距离长、移动频率高的情况，应选用配合间隙较大的滑动连接，以保证运动灵活性及配合面间有足够的润滑油层，如汽车、拖拉机等变速器中的变速齿轮与轴的连接。对于内、外花键之间虽有相对滑动但定心精度要求高、传递转矩大或经常有反向转动的情况，则应选用配合间隙较小的紧滑动连接。对于内、外花键间无轴向移动，只用来传递转矩的情况，则应选用固定连接。

由于矩形花键连接表面复杂，键长与键宽比值较大，因而几何误差是影响连接质量的重要因素，必须对其加以控制。

为保证定心表面的配合性质，内、外花键小径（定心直径）的尺寸公差和几何公差的关系必须采用包容要求（按 GB/T 4249—2009 的规定）。

键和键槽的位置误差包括它们的中心平面相对于定心轴线的对称度、等分度以及键（键槽）侧面对定心轴线的平行度误差，可规定位置度公差予以综合控制，并采用最大实体要求，用综合量规（即位置量规）检验。位置度公差见表 9-5。

表 9-5　矩形花键位置度公差（摘自 GB/T 1144—2001）　　　　单位：mm

键槽宽或键宽 B			3	3.5～6	7～10	12～18
t_1	键槽宽		0.010	0.015	0.020	0.025
	键宽	滑动、固定	0.010	0.015	0.020	0.025
		紧滑动	0.006	0.010	0.013	0.016

当单件小批量生产时，采用单项测量，可规定对称度公差和等分度公差，标注如图 9-9 所示，遵守独立原则。对称度公差值由 GB/T 1 144—2001 标准的附录 A 规定，见表 9-6。花键或花键槽中心平面偏离理想位置（沿圆周均布）的最大值为等分误差，其公差值与对称度相同，故省略不注。

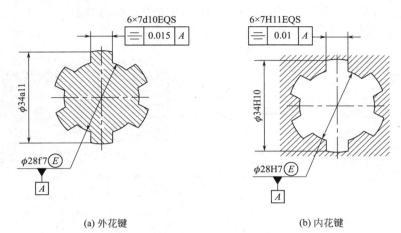

(a) 外花键　　　　　　　　　　　　(b) 内花键

图 9-9　花键对称度公差标注示例

表 9-6　矩形花键对称度公差（摘自 GB/T l144—2001）　　　　单位：mm

键槽宽或键宽 B		3	3.5～6	7～10	12～18
t_2	一般用	0.010	0.012	0.015	0.018
	精密传动用	0.006	0.008	0.009	0.011

对于较长的花键，可根据使用要求自行规定键侧面对定心轴线的平行度公差，标准未作规定。

9.2.4　矩形花键的表面粗糙度

矩形花键各结合表面的表面粗糙度要求见表 9-7。

表 9-7　矩形花键表面粗糙度推荐值　　　　单位：μm

加工表面	内花键	外花键
	Ra 不大于	
大径	6.3	3.2
小径	0.8	0.8
键侧	3.2	0.8

9.2.5　矩形花键的检测

矩形花键的检测有单项测量和综合测量。

在单件小批量生产中，花键的尺寸和位置误差用千分尺、游标卡尺、指示表等通用计量器具分别测量。

在大批大量生产中，先用花键位置量规（塞规或环规）同时检验花键的小径、大径、键宽及大小径的同轴度误差、各键（键槽）的位置度误差等综合结果。若位置量规能通过，则为合格。内、外花键用位置量规检验合格后，再用单项止端塞规（卡规）或普通计量器具检测其小径、大径及键槽宽（键宽）的实际尺寸是否超越其最小实体尺寸。

矩形花键位置量规如图 9-10 所示。其工作公差带设计参阅 GB/T 1144—2001 标准的附录 B，这里不一一列出。

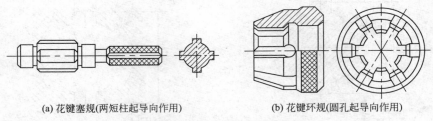

(a) 花键塞规(两短柱起导向作用)　　　　　　(b) 花键环规(圆孔起导向作用)

图 9-10　矩形花键位置量规

9.3　滚动轴承的公差与配合

9.3.1　滚动轴承的组成与特点

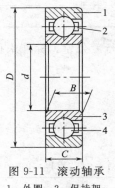

图 9-11　滚动轴承

1—外圈；2—保持架；
3—内圈；4—滚动体

滚动轴承是机械制造业中广泛使用的标准部件。如图 9-11 所示，它由内圈、外圈、滚动体和保持架组成。轴承的内径 d 与轴颈配合，外径 D 与壳体孔配合，滚动体承受载荷，并使轴承形成滚动摩擦，保持架将滚动体均匀分开，使每个滚动体轮流承载并在内、外圈之间的滚道上滚动。正确地选用滚动轴承内圈与轴颈、外圈与外壳孔的配合及确定轴颈和外壳孔的尺寸公差、形位公差和表面粗糙度，才能充分发挥滚动轴承的技术性能。

滚动轴承的工作质量直接影响机械设备和仪器仪表转动部分的运动精度、旋转平稳性与灵活性，这些特性直接与产品的振动、噪声和寿命等有关。由于滚动轴承广泛应用于各种机械产品，为保证互换性要求，其结构、尺寸、材料、制造精度与技术条件均已标准化。

为了实现滚动轴承及其相配合件的互换性，正确进行滚动轴承的公差与配合设计，我国发布了相关国家标准。

9.3.2　滚动轴承公差配合概述

滚动轴承内圈与轴采用基孔制配合，外圈与外壳孔采用基轴制配合。正确选择轴承的配合，主要考虑的因素有负荷的类型和负荷的大小。负荷的类型分为定向负荷、旋转负荷和摆动负荷。负荷类型不同，配合的松紧也应不同。负荷的大小分为轻负荷、正常负荷和重负荷。选择配合时，应选较紧的配合。与轴承配合的轴颈和外壳孔的形位公差、表面粗糙度也要正确合理地确定，以保证滚动轴承正常工作，保证机器的使用性能。

滚动轴承的分类主要的依据是滚动体的种类和所能承受载荷的方向（或公称接触角）。

① 按滚动体的种类分类　常见滚动体的形状如图 9-12 所示，主要有球形、圆柱形、圆锥形、鼓形和针形等。

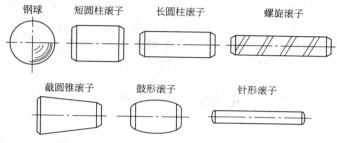

钢球　　短圆柱滚子　　长圆柱滚子　　螺旋滚子

截圆锥滚子　　鼓形滚子　　针形滚子

图 9-12　滚动轴承的基本结构及常见滚动体

② 按轴承负荷的方向分类　滚动轴承可分为：

a. 深沟球轴承（主要承受径向负荷），如图 9-13（a）所示；

b. 平底推力球轴承（主要承受轴向负荷），如图 9-13（b）所示，推力轴承中与轴紧套在一起的零件叫轴圈，与机座安装在一起的叫座圈；

c. 向心推力轴承（又称角接触轴承），既能承受径向负荷，又能承受轴向负荷，如图 9-13（c）所示；向心推力轴承的滚动体与外圈滚道接触点在半径方向与法线 $N-N$ 方向有一个夹角叫接触角 α，α 大，承受轴向载荷的能力也越大。

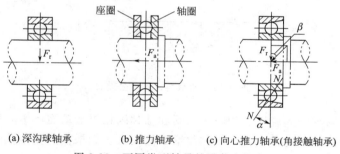

座圈　　　轴圈

(a)深沟球轴承　　(b)推力轴承　　(c)向心推力轴承(角接触轴承)

图 9-13　不同类型轴承的承载力方向

滚动轴承工作时，要求转动平稳、旋转精度高、噪声小。为了保证滚动轴承的工作性能与使用寿命，除了轴承本身的制造精度外，还要正确选择轴和外壳孔与轴承的配合、传动轴和外壳孔的尺寸精度、形位精度以及表面粗糙度等。

9.3.3　滚动轴承精度等级及选用

（1）滚动轴承精度等级

根据滚动轴承的结构尺寸、公差等级和技术性能等产品特征的符号，滚动轴承国家标准将滚动轴承公差等级分为 2、4、5、6、0 五级，其中 2 级精度最高，0 级精度最低（只有深沟球轴承有 2 级，圆锥滚子轴承有 6x 级而无 6 级）。

（2）滚动轴承精度等级的选用

0 级轴承为普通精度轴承，在机械中应用最广，常用于中等转速、中等负载和旋转精度要求不高的场合，如减速箱、水泵、普通电动机中使用的轴承。

6 级和 5 级轴承通常称为高级与精密级轴承，应用于旋转精度要求较高或转速要求较高的机构中。如普通机床主轴使用的轴承（前支承采用 5 级，后支承采用 6 级），较精密仪器、仪表的旋转机构中使用的轴承。

4 级和 2 级轴承是超精密级轴承，用于转速和旋转精度要求很高的场合，如坐标镗床主轴、高精度仪器和各种高精度磨床主轴使用的轴承。

9.3.4 滚动轴承与轴和外壳孔的配合

（1）轴和外壳孔的公差带

由于滚动轴承是专业生产厂家生产的标准化部件，用户使用时，其内、外圈与轴颈和外壳孔配合的表面不能再加工。为便于装配互换和大批量生产，国家标准将滚动轴承作为基准件，即轴承内圈与轴颈的配合采用基孔制，轴承外圈与壳体孔的配合采用基轴制。但这种基孔制和基轴制与普通光滑圆柱体配合有所不同，这是由滚动轴承配合的特殊需要所决定的。不同精度等级的轴承，其内、外径的公差带的位置也不同，如图 9-14 所示。

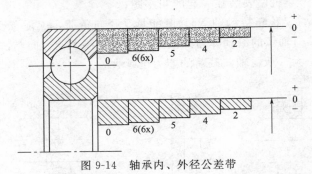

图 9-14 轴承内、外径公差带

轴承内圈通常与轴一起旋转，为防止内圈和轴颈因相对滑动而产生磨损，影响轴承的工作性能，要求配合面有一定的过盈，但过盈量不能太大。如果作为基准孔的轴承内圈采用基本偏差 H 的公差带，轴颈公差带也按标准中的优先、常用和一般公差带选取，则在配合时，过渡配合的过盈量偏小或过盈配合的过盈量偏大，都不能满足轴承配合的需要。若轴颈采用非标准的公差带，又违反了标准化与互换性的原则。为此，国家标准 GB/T 307.1－2005 规定，内圈基准孔公差带位于以内径 d 为零线的下方，如图 9-15 所示。

轴承外圈安装在外壳孔中，通常不旋转。考虑到工作时由于温度升高会使轴热胀而导致轴向伸长，因此，两端轴承中有一端应是游动支承，可使外圈与外壳孔的配合稍微松一点，使之能补偿轴的热胀伸长量，以免轴被卡住而影响正常运转。为此规定轴承外圈公差带于公称外径 D 为零线的下方，与基本偏差为 h 的公差带相类似，但公差值不同，见图 9-15。

轴承外圈采取的基准轴公差带与 GB/T 1801—2009 中基轴制的孔公差带所组成的配合，基本上保持了 GB/T 1801—2009 的配合性质。

轴承与轴颈和外壳孔的配合性质由后者的公差带决定。选择轴承的配合实际上就是选择确定轴颈和外壳孔的公差带。国家标准规定的轴颈和外壳孔的公差带见图 9-15。轴承内圈和

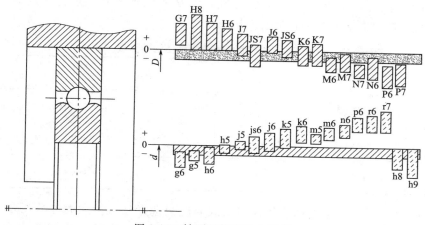

图 9-15　轴颈和外壳孔公差带

　　轴颈的配合比 GB/T 1801—2009 规定中的基孔制同名配合要紧一些，g5、g6、h5、h6 轴颈与轴承内圈的配合已变成过渡配合，k5、k6、m5、m6 已经变成过盈配合，其余配合也相应有所变紧。轴承外圈与外壳孔的配合与 GB/T 1801—2009 规定中的基轴制配合性质相同，只是两者数值有所不同。

　　滚动轴承的内圈和外圈皆为薄壁零件，在制造与保管过程中极易变形（如变成椭圆形）。如变形不大，相配合零件的形状较正确，则安装在相配合的零件上时，其变形容易得到校正。因此，国家标准规定：滚动轴承内圈和外圈任一横截面内测得的最大直径与最小直径的平均值对公称直径的偏差，只要在内、外径公差带内，就认为该滚动轴承合格。为了控制轴承的形状误差，滚动轴承还规定了其他的技术要求。

　　（2）滚动轴承与轴和外壳孔配合的选择

　　合理地选择轴承配合，可以保证轴承正常运转，延长轴承的使用寿命，充分发挥轴承的承载能力。选用轴承配合时，应当综合考虑轴承的工作条件。如作用在轴承上的负载的大小、方向和性质，轴承的类型和尺寸，工作温度以及与轴承配合的轴和孔的材料与结构，装配与调整因素等。其中主要因素包括以下几点。

　　① 负载的类型及大小

　　a. 负载的类型　　机器运转时，根据轴承上的负载相对于套圈的旋转方式，可以将负载分成局部负载、循环负载、摆动负载 3 种类型。

　　·局部负载。套圈相对于负载方向静止。方向固定不变的定向负载（如齿轮传动力、传动带拉力、车削时的径向切削力）作用于静止的套圈局部。如减速器转轴两端轴承外圈、汽车前轮轴承内圈均受方向不变的力 F_r 作用。

　　·循环负载。套圈相对于负载方向旋转。这种情况是指旋转负载（旋转工件上的惯性力）依次作用在套圈的整个轨道上。如减速器两端轴承内端、汽车前车轮轮毂中轴承外圈的受力均属于这种状态，其特点是套圈相对于负载方向旋转，负载呈周期性地作用在轴承套圈上，滚道产生均匀磨损。

　　·摆动负载。套圈相对于负载方向摆动。当由定向负载与旋转负载组成的合成径向负载作用在套圈上部分滚道时，该套圈便出现相对于负载方向的摆动。轴承套圈受到定向负载和旋转负载同时作用，两者由小到大，再由大到小呈周期性变化。

　　b. 负载的大小　　滚动轴承与轴颈及外壳孔的配合和负载大小也有关系。根据 GB/T

275—1993 中的规定，按照轴承的当量径向动负载 P 和轴承产品规定的额定动负载 C 的比值大小可以将负载分为 3 种类型，见表 9-8。

表 9-8　各负载类型的当量径向动负载

负载类型	P
轻负载	$P \leqslant 0.07C$
正常负载	$0.07C < P \leqslant 0.15C$
重负载	$P > 0.15C$

在选择的时候，承受重负载或者冲击负载时应当选择过盈量大的过盈配合，防止轴承产生变形和受力不均引起配合松动；承受负载较轻时可以选择过盈量较小的过盈配合；承受变化负载的应当比承受平稳负载的配合要紧一些，即负载增大，过盈量也应当适当增大。

总之，选择配合的基本原则是要考虑轴承和套圈相对负载的状况，如相对于负载方向旋转或摆动的套圈，应选择过盈配合或过渡配合；相对于负载方向固定的套圈，应选择间隙配合；当以不可分离型轴承作为游动支承时，则应以相对于负载方向为固定的套圈作为游动套圈，选择间隙或过渡配合。

随着轴承尺寸的增大，选择的过盈配合过盈越大，间隙配合间隙越大。

采用过盈配合会导致轴承游隙减小，应检验安装后轴承的游隙是否满足使用要求，以便正确选择配合及轴承游隙。

② 径向游隙　GB/T 4604.1—2012 规定，轴承的径向游隙由小到大，分为 0 组、2 组、3 组、4 组、5 组共 5 个组别。其中，0 组是基本组，市场上的轴承商品基本都属于基本组。基本组轴承的内、外圈一个选用过渡配合，另外一个选用间隙配合，才能保证轴承工作状态的稳定。如果选择更紧密的配合，将使径向游隙减小，相应地需要提出更大的游隙要求。但是，当负载较大且轴承内径配合的过盈量较大时，为了补偿变形引起的过小游隙，应当选用径向游隙大于基本组游隙的轴承。

③ 其他因素的影响　滚动轴承配合的选择还应考虑下面几个因素。

a. 轴承工作情况和结构工艺　承受负载较大、旋转精度要求高的轴承，为了消除弹性变形和振动的影响，不宜采用间隙配合。但对于一些轻载精密机床，为了避免轴颈或者外壳孔形状误差对轴承精度的影响，要采用间隙配合。

b. 温度的影响　滚动轴承工作温度一般低于 100℃；当轴承工作温度高于 100℃ 时，应当对所选用的配合进行适当修正。

c. 转速的影响　对于转速较高又承受冲击负载作用的滚动轴承，轴承与轴颈、外壳孔的配合应当选用过盈配合。

（3）公差带的选择

公差带应该根据径向当量动负载 P_r 的大小和性质进行选择。实际工作中，常常采用类比法选择轴颈和外壳孔的公差带。在选用时根据表 9-9～表 9-12 所列条件进行选择。

表 9-9 安装向心轴承和角接触轴承的轴颈公差带

内圈工作重要条件		应用举例	深沟球轴承和角接触轴承	圆柱滚子轴承和圆锥滚子轴承	调心滚子轴承	轴公差带
旋转状态	负载类型		轴承公称内径/mm			
		圆柱孔轴承				
内圈相对于负载方向旋转或摆动	轻负载	电器、仪表、机床主轴、精密机械、泵、通风机、传送带	≤18	—	—	h5
			>18~100	≤40	≤40	j6①
			>100~200	>40~140	>40~100	k6①
			—	>140~200	>100~200	m6①
	正常负载	一般机械、电动机、涡轮机、泵、内燃机、变速箱、水工机械	≤18	—	—	j5、js5
			>18~100	≤40	≤40	k5②
			>100~140	>40~100	>40~65	m5②
			>140~200	>100~140	>65~100	m6
			>200~280	>140~200	>100~140	n6
			—	>200~400	>140~280	p6
			—	—	>280~500	r6
	重负载	铁路车辆和电车的轴箱、牵引电动机、轧机、破碎机等重型机械	—	>50~140	>50~100	n6③
			—	>140~200	>100~140	p6③
			—	>200	>140~200	r6③
			—	—	>200	r7③
内圈相对于负载方向静止	各类负载	静止轴上的各种轮子内圈必须在轴向容易移动	所有尺寸			g6①
		张紧滑轮、绳索内圈不需在轴向移动	所有尺寸			h6①
纯轴向负载		所有应用场合	所有尺寸			j6 或 js6
所有负载		火车和电车的轴箱	装在退卸套上的所有尺寸			h8(IT6)④
		一般机械或传动轴	装在退卸套上的所有尺寸			H9(IT7)⑤

① 对精度有较高要求的场合,应选用 j5、k5、…分别代替 j6、k6、…。
② 单列圆锥滚子轴承和单列角接触球轴承的内部游隙的影响不太重要,可用 k6 和 m6 分别代替 k5 和 m5。
③ 应选用轴承径向游隙大于基本组游隙的滚子轴承。
④ 凡有较高精度或转速要求的场合,应选用 h7,轴颈形状公差等级为 IT5。
⑤ 尺寸≥500 mm,轴颈形状公差等级为 IT7。

表 9-10　安装向心轴承和角接触轴承的外壳孔公差带

外圈工作条件				应用举例	外壳孔公差带
旋转状态	负载类型	轴向位移的限度	其他情况		
外圈相对负载方向静止	轻、正常和重负载	轴向容易移动	轴处于高温场合	烘干筒、有调心滚子轴承的大电动机	G7
			剖分式外壳	一般机械、铁路车辆轴箱	H7
外圈相对负载方向摆动	冲击负载	轴向能移动	整体式或剖分式外壳	铁路车辆轴箱	J7
	轻和正常负载			电动机、泵、曲轴主轴承	
	正常和重负载			电动机、泵、曲轴主轴承	K7
	重冲击负载		整体式外壳	牵引电动机	M7
外圈相对负载方向旋转	轻负载	轴向不移动		张紧滑轮	M7
	正常和重负载			装有球轴承的轮毂	N7
	重冲击负载		薄壁、整体式外壳	装有滚子轴承的轮毂	P7

注：1. 对精度有较高要求的场合，应选用 P6、N6、M6、K6、J6 和 H6 分别代替 P7、N7、M7、K7、J7 和 H7，并应同时选用整体式外壳。

2. 对于轻合金外壳应选择比钢或铸铁外壳较紧的配合。

表 9-11　安装推力轴承的轴颈公差带

轴圈工作条件		推力球和圆柱滚子轴承	推力调心滚子轴承	轴公差带
		轴承公称内径/mm		
纯轴向负载		所有尺寸	所有尺寸	j6 或 js6
径向和轴向联合负载	轴圈相对于负载方向静止	—	≤250	j6
		—	>250	js6
	轴圈相对于负载方向旋转或摆动	—	≤200	k6
		—	>200～400	m6
		—	>400	n6

表 9-12　安装推力轴承的外壳孔公差带

座圈工作条件		轴承类型	公差带
纯轴向负载		推力球轴承	H8
		推力圆柱滚子轴承	H7
		推力调心滚子轴承	①
径向和轴向联合负载	座圈相对负载方向静止	推力调心滚子轴承	H7
	座圈相对负载方向旋转或摆动		K7、M7

①外壳孔与座圈间的配合间隙为 0.000 1D，D 为外壳孔直径。

9.3.5　轴颈和外壳孔的形位公差与表面粗糙度

　　为了保证轴承正常工作，除了正确选择配合外，还应对与轴承配合的轴颈和外壳孔的形位公差及表面粗糙度提出要求。因为轴颈和外壳孔的几何形状误差会使轴承内圈产生变形而影响轴承的原始精度，导致主轴旋转精度下降，如图 9-16 所示。故轴颈和外壳孔应采用包容要求，并规定更严的圆柱度公差。

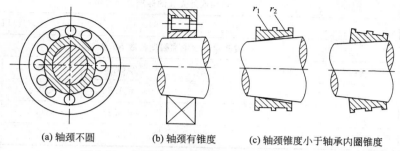

(a) 轴颈不圆　　　(b) 轴颈有锥度　　　(c) 轴颈锥度小于轴承内圈锥度

图 9-16　主轴轴颈形状误差引起轴承内圈变形

　　此外，用做轴承轴向定位面的主轴轴肩端面，主轴箱体支承座外壳孔肩端面（见图 9-17），都会使轴承在装配时受力不均而产生歪斜，并引起滚道畸变，同时会使主轴弯曲，所以轴肩和外壳孔肩端面应规定端面圆跳动公差。

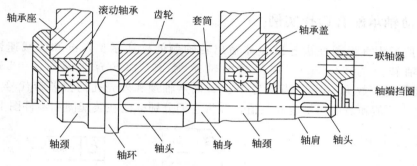

图 9-17　直齿圆柱齿轮减速器输出轴

　　GB/T 275—1993 规定了与各种轴承配合的轴颈和外壳孔的形位公差，见表 9-13。配合面表面粗糙度，见表 9-14。

表 9-13　轴颈和外壳孔的形位公差值（GB/T 275—1993）

轴颈或外壳孔的直径/mm	圆柱度				端面圆跳动			
	轴颈		外壳孔		轴肩		外壳孔肩	
	轴承精度等级							
	0	6	0	6	0	6	0	6
	公差值/μm							
>18~30	4	2.5	6	4	10	6	15	10
>30~50	4	2.5	7	4	12	8	20	12
>50~80	5	3	8	5	15	10	25	15
>80~120	6	4	10	6	15	10	25	15
>120~180	8	5	12	8	20	12	30	20
>180~250	10	7	14	10	20	12	30	20

表 9-14　轴颈和外壳孔的表面粗糙度轮廓幅度参数 *Ra* 值（GB/T 275—1993）

轴颈或外壳孔的直径/mm	轴颈或外壳孔的标准公差等级					
	IT7		IT6		IT5	
	表面粗糙度轮廓幅度参数 *Ra* 值/μm					
	磨	车（镗）	磨	车（镗）	磨	车（镗）
≤80	≤1.6	≤3.2	≤0.8	≤1.6	≤0.4	≤0.8
>80～500	≤1.6	≤3.2	≤1.6	≤3.2	≤0.8	≤1.6
端面	≤3.2	≤6.3	≤3.2	≤6.3	≤1.6	≤3.2

　　轴承是标准件，在选择具体型号时，它的配合尺寸公差带已经唯一确定，所以在装配图中轴承内圈和轴颈的配合处只标注轴颈的尺寸和公差带代号，轴承外圈和外壳孔配合处只标注孔的尺寸和公差带代号，同时在轴颈和外壳孔零件图中要标注相应的配合尺寸和公差带代号。

9.3.6　滚动轴承配合选择实例

　　图 9-18 所示为直齿圆柱齿轮减速器输出轴轴颈的标注示例，已知该减速器的功率为 5kW，从动轴转速为 83r/min，其两端的轴承为 211 深沟球轴承（$d = 55$mm，$D = 100$mm），齿轮的模数为 3mm，齿数为 79。试确定轴颈和外壳孔的公差带代号（尺寸极限偏差）、形位公差值和表面粗糙度参数值，并将它们分别标注在装配图和零件图上。

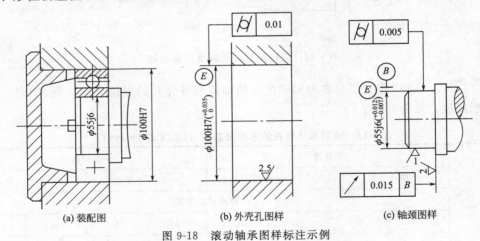

(a) 装配图	(b) 外壳孔图样	(c) 轴颈图样

图 9-18　滚动轴承图样标注示例

　　① 减速器属于一般机械，轴的转速不高，所以选用 0 级轴承。

　　② 受定向负荷的作用，内圈与轴一起旋转，外圈安装在剖分式壳体中，不旋转。因此，内圈相对于负荷方向旋转，它与轴颈的配合应较紧；外圈相对于负荷方向静止，它与外壳孔的配合应较松。

　　③ 按该轴承的工作条件，由经验计算公式，并经单位换算，求得该轴承的当量径向负荷 P 为 883N，查得 211 球轴承的额定动负荷 C 为 33354N。所以 $P = 0.03C < 0.07C$，故轴承的负荷类型属于轻负荷。

　　④ 按轴承工作条件从表 9-9 和表 9-10 中选取轴颈公差带为 ϕ55j6（基孔制配合），外壳

孔公差带为 ϕ100H7（基轴制配合）。

⑤ 按表 9-13 选取形位公差值：轴颈圆柱度公差为 0.005mm，轴肩端面圆跳动公差为 0.015mm；外壳孔圆柱度公差为 0.01mm。

⑥ 按表 9-14 选取轴颈和外壳孔表面粗糙度参数值：轴颈 $Ra \leqslant 1\mu m$，轴肩端面 $Ra \leqslant 2\mu m$；外壳孔 $Ra \leqslant 2.5\mu m$。

⑦ 将确定好的上述公差标注在图样上，如图 9-18（b）、图 9-18（c）所示。

由于滚动轴承是外购的标准部件，因此，在装配图上只需注出轴颈和外壳孔的公差带代号即可［见图 9-16（a）］。

本章小结

本章主要介绍了键的类型、键连接的公差与配合、花键连接的公差与配合；介绍了滚动轴承的组成，滚动轴承的精度等级及其应用，滚动轴承与轴和外壳孔公差带的规定，滚动轴承与轴和外壳孔的公差配合、形位公差和表面粗糙度的选择。要求掌握滚动轴承的精度等级及其应用，滚动轴承与轴和外壳孔公差带的规定，滚动轴承与轴和外壳孔的公差配合、形位公差和表面粗糙度的选择。

思考题与练习

9-1　平键连接的主要几何参数有哪些？

9-2　什么是平键连接的配合尺寸？采用何种配合制度？

9-3　平键连接为什么只对键（槽）宽规定较严的公差？

9-4　某减速器传递一般转矩，其中某一齿轮与轴之间通过平键连接来传递转矩。已知键宽 6～8mm，试确定键宽 6 的配合代号，查出其极限偏差值，并作公差带图。

9-5　平键连接有几种配合类型？它们各应用在什么场合？

9-6　某减速器传递一般转矩，其中某一齿轮与轴之间通过平键连接来传递转矩。已知键宽 6～8mm，试确定键宽 6 的配合代号，查出其极限偏差值，并作公差带图。

9-7　某减速器中的轴和齿轮间采用普通平键连接，已知轴和齿轮孔的配合尺寸是 40mm，试确定键槽（轴槽和轮毂槽）的剖面尺寸及其公差带、相应的形位公差和各个表面的粗糙度参数值，并把它们标注在剖面图中。

9-8　什么是花键定心表面？GB/T 1144—2001《矩形花键尺寸、公差和检验》为什么只规定小径定心？

9-9　某机床变速箱中，有一个 6 级精度齿轮的内花键与花键轴连接，花键规格：6×26×30×6，内花键长 30mm，花键轴长 75mm，齿轮内花键经常需要相对花键轴作轴向移动，要求定心精度较高。试确定

① 齿轮内花键和花键轴的公差带代号，计算小径、大径、键（槽）宽的极限尺寸。

② 分别写出在装配图上和零件图上的标记。

③ 绘制公差带图，并将各参数的基本尺寸和极限偏差标注在图上。

9-10　滚动轴承的精度等级分为哪几级？哪级应用最广？

9-11　滚动轴承与轴和外壳孔配合采用哪种基准制？

9-12　滚动轴承内、外径公差带有何特点？为什么？

9-13　选择轴承与轴和外壳孔配合时主要考虑哪些因素？

9-14　滚动轴承承受的负荷类型不同与选择配合有何关系？

9-15　滚动轴承承受的负荷大小不同与选择配合有何关系？

9-16　滚动轴承国家标准将内圈内径的公差带规定在零线的什么位置？在多数情况下轴承内圈随轴一起转动，两者之间配合必须有一定间隙还是过盈？

9-17　当轴承的旋转速度较高，又在冲击振动负载下工作时，轴承与轴颈和外壳孔的配合最好选用何种配合？

9-18　某机床转轴上安装 6 级精度的深沟球轴承，其内径为 40mm，外径为 90mm，该轴承承受一个 $P=4000\text{N}$ 的当量定向径向负荷，轴承的额定动负荷 C 为 31400N，内圈随轴起转动，外圈固定。试确定：

① 与轴承配合的轴颈、外壳孔的公差带代号；

② 画出公差带图，计算出内圈与轴、外圈与孔配合的极限间隙、极限过盈；

③ 轴颈和外壳孔的形位公差和表面粗糙度参数值；

④ 把所选的公差代号和各项公差标注在图样上。

第 **10** 章

渐开线圆柱齿轮传动公差与检测

齿轮传动在机器和仪器表中应用极为广泛，是一种重要的机械传动形式，通常用来传递运动或动力。齿轮传动的质量与齿轮的制造精度和齿轮副的装配精度密切相关。因此为了保证齿轮传动质量，就要规定相应的公差，并进行合理的检测。通过本章学习，应明确齿轮传动的基本要求，了解齿轮加工误差的来源及对传动的影响；理解并掌握单个齿轮的评定项目特点；掌握单个齿轮的精度等级及其应用情况；理解齿轮副的评定项目特点；掌握齿厚极限偏差的确定方法；理解并掌握齿轮坯的精度要求；掌握齿轮精度设计基本方法。

本章内容涉及的相关标准主要有：

GB/T 10095.1—2008《圆柱齿轮　精度制　第 1 部分：轮齿同侧齿面偏差的定义和允许值》；

GB/T 10095.2—2008《圆柱齿轮　精度制　第 2 部分：径向综合偏差与径向跳动的定义和允许值》；

GB/Z 18620.1—2008《圆柱齿轮　检验实施规范　第 1 部分：轮齿同侧齿面的检验》；

GB/Z 18620.2—2008《圆柱齿轮　检验实施规范 第 2 部分：径向综合偏差、径向跳动、齿厚和侧隙的检验》；

GB/Z 18620.3—2008《圆柱齿轮　检验实施规范　第 3 部分：齿轮坯、轴中心距和轴线平行度的检验》；

GB/Z 18620.4—2008《圆柱齿轮检验实施规范　第 4 部分：表面结构和轮齿接触斑点的检验》等。

10.1 对齿轮传动的基本要求

（1）传递运动的准确性

如图 10-1 所示，齿轮传动理论上应按设计规定的传动比来传递运动，即主动轮转过一个角度时，从动轮应按传动比关系转过一个相应的角度。由于齿轮存在有加工误差和安装误差，实际齿轮传动中要保持恒定的传动比是不可能的，因而使得从动轮的实际转角产生了转角误差。传递运动的准确性就是要求齿轮在转一周范围内，传动比的变化要小，其最大转角误差应限制在一定范围内，以保证一对齿轮 z_1 和 z_2 啮合时，满足齿廓啮合基本定律 $I = n_1/n_2 = z_2/z_1 =$ 常量。机床的一些传动齿轮对传递运动准确性的精度要求较高。

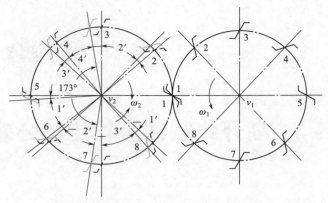

图 10-1　齿轮传动的准确性

（2）传动的平稳性

齿轮任一瞬时传动比的变化，将会使从动轮转速不断变化，从而产生瞬时加速度和惯性冲击力，引起齿轮传动中的冲击、振动和噪声。传动的平稳性就是要求齿轮在一转速范围内，多次重复的瞬时传动比要小，一齿转角内的最大转角误差要限制在一定范围内。千分表、机床变速箱等对传动平稳性的要求较高。

（3）载荷分布的均匀性

载荷分布的均匀性是指为了使齿轮传动有较高的承载能力和较长的使用寿命，要求啮合齿面在齿宽与齿高方向上能较全面地接触，使齿面上的载荷分布均匀，避免载荷集中于齿面的一端而造成轮齿折断。重型机械的传动齿轮对此比较偏重。

（4）传动侧隙

在齿轮传动中，为了贮存润滑油，补偿齿轮受力变形和热变形以及齿轮制造和安装误差，齿轮相啮合轮齿的非工作面应留有一定的齿侧间隙。否则齿轮传动过程中可能会出现卡死或烧伤的现象。但该侧隙也不能过大，尤其是对于经常需要正反转的传动齿轮，侧隙过大，会产生空程，引起换向冲击。因此应合理确定侧隙的数值。

10.2　单个齿轮的评定指标及其检测

根据齿轮精度要求，把齿轮的误差分成影响运动准确性误差、影响运动平稳性误差、影响载荷分布均匀性误差和影响侧隙的误差，并相应提出精度评定指标。

- 运动准确性的评定指标
- 平稳性的评定指标
- 接触精度的评定指标
- 侧隙的评定指标
- 齿轮副精度的评定指标

10.2.1　影响运动准确性的项目（第 I 公差组）

- 切向综合误差（$\Delta F_i'$）

- 齿距累积误差（ΔF_p）及 K 个齿距累积误差（ΔF_{pk}）
- 齿圈径向跳动（ΔF_r）
- 径向综合误差（$\Delta F_i''$）
- 公法线长度变动（ΔF_w）

（1）切向综合误差（$\Delta F_i'$）

切向综合误差（$\Delta F_i'$）指被测齿轮与理想精确的测量齿轮单面啮合时，在被测齿轮一转内，实际转角与公称转角之差的总幅度值，如图 10-2 所示，它以分度圆弧长计值。该误差是几何偏心、运动偏心加工误差的综合反映，因而是评定齿轮传递运动准确性的最佳综合评定指标。但因切向综合误差是在单面啮合综合检查仪（简称单啮仪）上进行测量的，单啮仪结构复杂，价格昂贵，所以在生产车间很少使用。

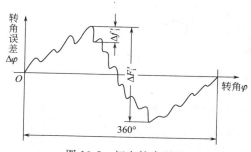

图 10-2　切向综合误差

（2）齿距累积误差（ΔF_p）及 K 个齿距累积误差（ΔF_{pk}）

在分度圆上，任意两个同侧齿面间的实际弧长与公称弧长之差的最大绝对值为齿距累积误差，如图 10-3 所示，K 个齿距累积误差是指在分度圆上，K 个齿距间的实际弧长与公称弧长之差的最大绝对值，K 为 2 到小于 $Z/2$ 的整数。规定 ΔF_{pk} 是为了限制齿距累积误差集中在局部圆周上。齿距累积误差反映了一转内任意个齿距的最大变化，它直接反映齿轮的转角误差，是几何偏心和运动偏心的综合结果。因而可以较为全面地反映齿轮的传递运动准确性，是一项综合性的评定项目。但因为只在分度圆上测量，故不如切向综合误差反映的全面。

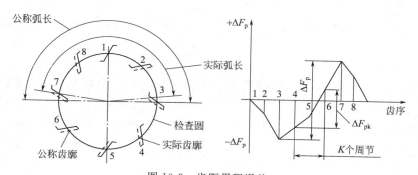

图 10-3　齿距累积误差

（3）齿圈径向跳动（ΔF_r）

齿轮一转范围内，测头在齿槽内与齿高中部双面接触，测头相对于齿轮轴线的最大变动量称为齿圈径向跳动。ΔF_r 主要反映由于齿坯偏心引起的齿轮径向长周期误差。可用齿圈径向跳动检查仪测量，测头可以用球形或锥形。如图 10-4 所示。

（4）径向综合误差（$\Delta F_i''$）

与理想精确的测量齿轮双面啮合时，在被测齿轮一转内，双啮中心距的最大变动量称为径向综合误差 $\Delta F_i''$。当被测齿轮的齿廓存在径向误差及一些短周期误差（如齿形误差、基节偏差等）时，若它与测量齿轮保持双面啮合转动，其中心距就会在转动过程中不断改变，因此，径向综合误差主要反映由几何偏心引起的径向误差及一些短周期误差。采用如图 10-5

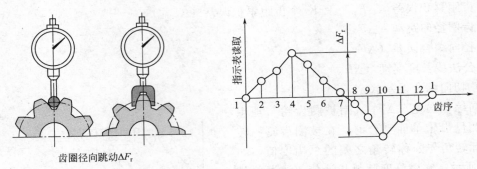

图 10-4　齿圈径向跳动

所示双啮仪进行测量。

　　被测齿轮由于双面啮合综合测量时的啮合情况与切齿时的啮合情况相似，能够反映齿轮坯和刀具安装调整误差，测量所用仪器远比单啮仪简单，操作方便，测量效率高，故在大批量生产中应用很普遍。但它只能反映径向误差，且测量状况与齿轮实际工作状况不完全相符。

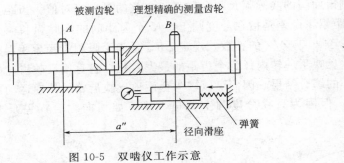

图 10-5　双啮仪工作示意

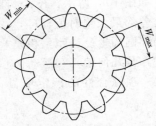

图 10-6　公法线长度变动

　　（5）公法线长度变动（ΔF_w）

　　在被测齿轮一周范围内，实际公法线长度的最大值与最小值之差称为公法线长度变动，即 $\Delta F_w = W_{max} - W_{min}$，如图 10-6 所示。

　　公法线长度的变动说明齿廓沿基圆切线方向有误差，因此公法线长度变动可以反映滚齿时由运动偏心影响引起的切向误差。由于测量公法线长度与齿轮基准轴线无关，因此公法线长度变动可用公法线千分尺、公法线卡尺等测量。

10.2.2　影响传动平稳性的项目（第Ⅱ公差组）

- 一齿切向综合误差（$\Delta f_i'$）
- 一齿径向综合误差（$\Delta f_i''$）
- 齿形误差（Δf_f）
- 基节偏差（Δf_{pb}）
- 齿距偏差（Δf_{pt}）
- 螺旋线波度误差（$\Delta f_{f\beta}$）

　　（1）一齿切向综合误差（$\Delta f_i'$）

　　一齿切向综合误差是指实测齿轮与理想精确的测量齿轮单面啮合时，在被测齿轮一齿距角内，实际转角与公称转角之差的最大幅度值。$\Delta f_i'$ 主要反映由刀具和分度蜗杆的安装及制造误差所造成的，齿轮上齿形、齿距等各项短周期综合误差，是综合性指标。其测量仪器与测量 $\Delta F_i'$ 相同，切向综合误差曲线上的高频波纹即为 $\Delta f_i'$。

（2）一齿径向综合误差（$\Delta f_i''$）

一齿径向综合误差是指被测齿轮与理想精确的测量齿轮双面啮合时，在被测齿轮一齿角内转角的最大变动量。$\Delta f_i''$ 综合反映了由于刀具安装偏心及制造所产生的基节和齿形误差，属综合性项目。可在测量径向综合误差时得出，即从记录曲线上量得高频波纹的最大幅度值。由于这种测量受左右齿面的共同影响，因而不如一齿切向综合误差反映那么全面。不宜采用这种方法来验收高精度的齿轮，但因在双啮仪上测量简单，操作方便，故该项目适用于大批量生产的场合。

（3）齿形误差（Δf_f）

齿形误差是在端截面上，齿形工作部分内（齿顶部分除外），包容实际齿形且距离为最小的两条设计齿形间的法向距离。设计齿形可以根据工作条件对理论渐开线进行修正为凸齿形或修缘齿形。齿形误差会造成齿廓面在啮合过程中使接触点偏离啮合线，引起瞬时传动比的变化，破坏传动的平稳性。如图 10-7 所示。

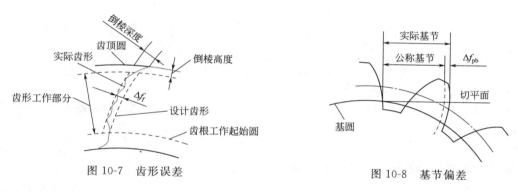

图 10-7　齿形误差　　　　　　　　图 10-8　基节偏差

（4）基节偏差（Δf_{pb}）

基节偏差是指实际基节与公称基节之差。一对齿轮正常啮合时，当第一个轮齿尚未脱离啮合时，第二个轮齿应进入啮合。当两齿轮基节相等时，这种啮合过程将平稳地连续进行，若齿轮具有基节偏差，则这种啮合过程将被破坏，使瞬时速比发生变化，产生冲击、振动。基节偏差可用基节仪和万能测齿仪进行测量。如图 10-8 所示。

（5）齿距偏差（Δf_{pt}）

齿距偏差是指在分度圆上，实际齿距与公称齿距之差。齿距偏差 Δf_{pt} 也将和基节偏差、齿形误差一样，在每一次转齿和换齿的啮合过程中产生转角误差。齿距偏差可在测量齿距累积误差时得到，所以比较简单。该项偏差主要由机床误差产生。如图 10-9 所示。

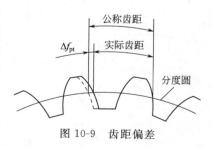

图 10-9　齿距偏差

（6）螺旋线波度误差（$\Delta f_{f\beta}$）

螺旋线波度误差是指在宽斜齿轮齿高中部的圆柱面上，沿实际齿面法线方向计量的螺旋线波纹的最大波幅。高精度的宽斜齿轮、人字齿轮应控制此项指标。

10.2.3 影响载荷分布均匀性的误差

齿轮工作时，两齿面接触良好，才能保证齿面上载荷分布均匀。在齿高方向上，齿形误差会影响两齿面的接触；在齿宽方向上，齿向误差会影响两齿面的接触。

（1）齿向误差（ΔF_β）

在分度圆柱面上，齿宽有效部分范围内（端部倒角部分除外），包容实际齿线且距离为最小的两条设计齿向线之间的端面距离为齿向误差 。如图 10-10 所示。

（2）接触线误差（ΔF_b）

指在基圆柱的切平面内，平行于公称接触线并包容实际接触线的两条直线间的法向距离。如图 10-11 所示。

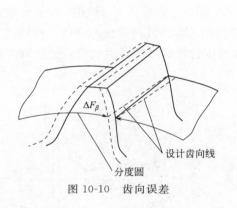

图 10-10　齿向误差

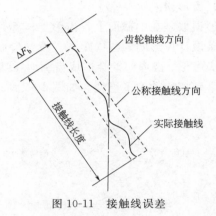

图 10-11　接触线误差

10.2.4 影响齿轮副侧隙的加工误差

为使齿轮啮合时有一定的侧隙，应将箱体中心距加大或将轮齿减薄。考虑到箱体加工与齿轮加工的特点，宜采用减薄齿厚的方法获得齿侧间隙（即基中心距制）。齿厚减薄量是通过调整刀具与毛坯的径向位置而获得的，其误差将影响侧隙的大小。此外，几何偏心和运动偏心也会引起齿厚不均匀，使齿轮工作时的侧隙也不均匀。为控制齿厚减薄量，以获得必要的侧隙，可以采用下列评定指标：齿厚偏差（ΔE_s），公法线平均长度偏差（ΔE_{wm}）。

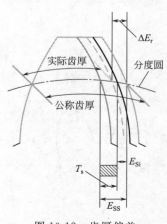

图 10-12　齿厚偏差

（1）齿厚偏差（ΔE_s）

齿厚偏差是指在齿轮分度圆柱面上，齿厚的实际值与公称值之差。对于斜齿轮，指法向齿厚。为了保证一定的齿侧间隙，齿厚的上偏差（E_{ss}）、下偏差（E_{sI}）一般都为负值。如图 10-12 所示。

（2）公法线平均长度偏差（ΔE_w）

公法线平均长度偏差 ΔE_{wM} 是指在齿轮一周内，公法线长度平均值与公称值之差。即 $\Delta E_{wm} = (W_1 + W_2 + \cdots + W_n)/z - W_{公称}$。

齿轮因齿厚减薄使公法线长度也相应减小，所以可用公法线平均长度偏差作为反映侧隙的一项指标。通常是通过跨一定齿数测量公法线长度来检查齿厚偏差的。

10.3　齿轮副的评定指标及其检测

10.3.1　齿轮副的装配误差

（1）轴线平行度误差 Δf_x、Δf_y

Δf_x 是指一对齿轮的轴线在其基准平面上投影的平行度误差。

Δf_y 是指一对齿轮的轴线，在垂直于基准平面，且平行于基准轴线的平面上投影的平行度误差。基准平面是包含基准轴线，并通过由另一轴线与齿宽中间平面相交的点所形成的平面。如图 10-13 所示。

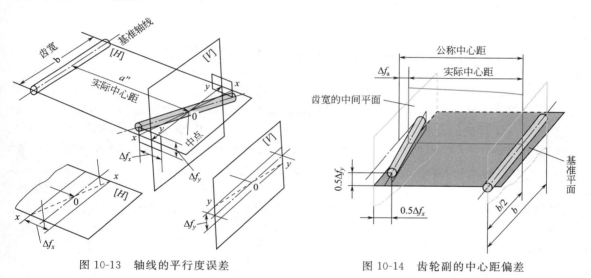

图 10-13　轴线的平行度误差　　　　　图 10-14　齿轮副的中心距偏差

（2）齿轮副的中心距偏差 Δf_a

齿轮副的中心距偏差是指在齿轮副的齿宽中间平面内，实际中心距与公称中心距之差，如图 10-14 所示，主要影响齿轮副侧隙。

10.3.2　评定齿轮副精度的误差项目

（1）齿轮副切向综合误差 $\Delta F'_{ic}$

齿轮副切向综合误差是指装配好的齿轮副，在啮合转动足够多的转数内，一个齿轮相对于另一个齿轮的实际转角与公称转角之差的最大幅值，以分度圆弧长计值，用于评定齿轮副的运动准确性。

$$F'_{ic} = F'_{i1} + F'_{i2}$$

（2）齿轮副的一齿切向综合误差 $\Delta f'_{ic}$

齿轮副的一齿切向综合误差是指装配好的齿轮副，在啮合转动足够多的转数内，一个齿轮相对于另一个齿轮的一个齿距的实际转角与公称转角之差的最大幅值，以分度圆弧长计值，用于评定齿轮副的传动平稳性。

$$f'_{ic} = {'f'}_{i1} + {'f'}_{i2}$$

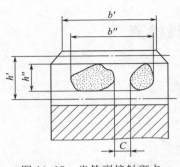

图 10-15　齿轮副接触斑点

（3）齿轮副的接触斑点

安装好的齿轮副，在轻微制动下运转后，齿面上分布的接触擦亮痕迹沿齿长方向分布：$\dfrac{b'' - c}{b'} \times 100\%$

沿齿高方向分布：$\dfrac{h''}{h'} \times 100\%$

沿齿长方向的接触斑点主要影响齿轮副的承载能力，沿齿高方向的接触斑点主要影响工作平稳性。用于评定齿轮副的接触精度。如图 10-15 所示。

（4）齿轮副的侧隙

齿轮副的侧隙分圆周侧隙和法向侧隙。

10.4　渐开线圆柱齿轮精度标准

我国圆柱齿轮传动公差现行国家标准为 GB/T 10095.1—2008《圆柱齿轮　精度制　第 1 部分：轮齿同侧齿面偏差的定义和允许值》和 GB/T 10095.2—2008《圆柱齿轮　精度制　第 2 部分：径向综合偏差与径向跳动的定义和允许值》，同时还有 GB/Z 18620.1～GB/Z 18620.4 四个指导性技术文件。以上标准（文件）适用于单个渐开线圆柱齿轮，其法向模数 $n_m \geqslant 0.5 \sim 70\text{mm}$，分度圆直径 $d \geqslant 5 \sim 10000\text{mm}$，齿宽 $b \geqslant 4 \sim 1000\text{mm}$。对于 F''_i 和 f''_i，其 $n_m \geqslant 0.2 \sim 10\text{mm}$，$d \geqslant 5 \sim 1\,000\text{mm}$。基本齿廓按 GB/T 1356—2001《通用机械和重型机械用圆柱齿轮 标准基本齿条齿廓》的规定。该标准可用于内、外啮合的直齿、斜齿和人字齿圆柱齿轮。

齿轮的精度设计需要解决如下问题：

① 正确选择齿轮的精度等级；

② 正确选择评定指标（检验参数）；

③ 正确设计齿侧间隙；

④ 正确设计齿坯及箱体的尺寸公差与表面粗糙度。

10.4.1　齿轮的精度等级及其选择

（1）精度等级

国家标准对单个齿轮规定了 13 个精度等级（对于 F'_i 和 F''_i，规定了 4～12 共 9 个精度等级），依次用阿拉伯数字 0、1、2、3、…、12 表示。其中 0 级精度最高，依次递减，12 级精度最低。0～2 级精度的齿轮对制造工艺与检测水平要求极高，目前加工工艺尚未达到，是为将来发展而规定的精度等级；一般将 3～5 级精度视为高精度等级；6～8 级精度视为中等精度等级，使用最多；9～12 级精度视为低精度等级。5 级精度是确定齿轮各项允许值计算式的基础级。

（2）精度等级的选择

齿轮的精度等级选择的主要依据是齿轮传动的用途、使用条件及对它的技术要求，即要考虑传递运动的精度、齿轮的圆周速度、传递的功率、工作持续时间、振动与噪声、润滑条件、使用寿命及生产成本等的要求，同时还要考虑工艺的可能性和经济性。齿轮精度等级的选择方法主要有计算法和类比法两种。一般实际工作中，多采用类比法。计算法是根据运动精度要求，按误差传递规律，计算出齿轮一转中允许的最大转角误差，然后再根据工作条件或根据圆周速度或噪声强度要求确定齿轮的精度等级。类比法是根据以往产品设计、性能试验以及使用过程中所累积的成熟经验，以及长期使用中已证实其可靠性的各种齿轮精度等级选择的技术资料，经过与所设计的齿轮在用途、工作条件及技术性能上作对比后，选定其精度等级。部分机械的齿轮精度等级如表 10-1 所示。

表 10-1　部分机械齿轮采用的精度等级

应用范围	精度等级	应用范围	精度等级
测量齿轮	2～5	拖拉机	6～9
汽轮机减速器	3～6	一般用途的减速器	6～9
精密切削机床	3～7	轧钢设备	6～10
一般金属切削机床	5～8	起重机械	7～10
航空发动机	5～8	矿用绞车	8～10
轻型汽车	5～8	农用机械	8～11
重型汽车	6～9		

（3）公差组

根据齿轮的使用要求分为三个公差组，见表 10-2。

表 10-2　三个公差组

第 I 公差组	$F'_i, F_p, F_{pk}, F''_i, F_r, F_w$	保证运动的准确性
第 II 公差组	$f'_i, f''_i, f_f, \pm f_{pt}, \pm f_{pb}, \pm f_{f\beta}$	保证传动的平稳性
第 III 公差组	F_β, F_b, F_{px}	保证载荷分布的均匀性

（4）公差组的检验组

可将同一个公差组内的各项指标分为若干个检验组，选定一个检验组对齿轮的精度进行检验，见表 10-3。

表 10-3　公差组的检验组

第 I 公差组	第 II 公差组	第 III 公差组
$\Delta F'_i$	$\Delta f'_i$	ΔF_β
ΔF_p	Δf_f 与 Δf_{fb}	ΔF_b
$\Delta F''_i$ 与 ΔF_w	Δf_f 与 Δf_{pt}	ΔF_{px} 与 ΔF_b
ΔF_r 与 ΔF_w	$\Delta f_{f\beta}$	ΔF_{px} 与 Δf_f
ΔF_r	$\Delta f''_i$	
	Δf_{pt} 与 Δf_{pb}	
	Δf_{pt} 或 Δf_{pb}	

（5）检验组的选择

① 要与齿轮精度相适应：齿轮精度低，由机床产生的误差可不检验。齿轮精度高可选

用综合性检验项目，反映全面。

② 要与齿轮的规格相适应：直径≤400mm 的齿轮可放在固定仪器上检验，大尺寸的齿轮一般采用量具放在齿轮上进行单项检验。

③ 与生产规模相适应：大批量应采用综合性检验项目，以提高生产率，小批量生产一般采用单项检验。

④ 设备条件：要考虑工厂仪器设备条件及习惯检验方法。

（6）齿轮副的误差和检验项目有六项：

① Δf_x、Δf_y；

② Δf_a；

③ $\Delta F_{ic}{'}$；

④ $\Delta f_{ic}{'}$；

⑤ 齿轮副的接触斑点；

⑥ 齿轮副的侧隙（j_t和 j_n）。

10.4.2　齿轮副侧隙

齿轮副侧隙按齿轮工作条件决定，与齿轮的精度等级无关。

（1）侧隙的体制

① 采用基中心距制。齿轮副侧隙的大小主要取决于齿厚和中心距，固定中心距极限偏差，通过改变齿厚偏差而获得不同的最小侧隙。

② 侧隙的大小主要取决于齿厚。

③ 侧隙用代号表示。侧隙的代号由齿厚极限偏差代号组成。有 14 种：C、D、E、F、G、H、J、K、L、M、N、P、R、S，其偏差依次递增。

④ 齿厚偏差值以齿距极限偏差（f_{pt}）的倍数表示。

⑤ 选用两个字母组成侧隙代号。前一个字母表示齿厚上偏差，后一个字母表示齿厚下偏差。

（2）齿厚极限偏差的确定

① 齿轮副最小极限间隙：$j_{n\min} = j_{n1} + j_{n2}$

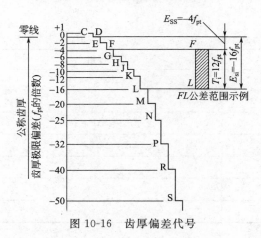

图 10-16　齿厚偏差代号

其中补偿温升引起变形所需的最小侧隙量：

$$j_{n1} = 2a(\alpha_1 \Delta t_1 - \alpha_2 \Delta t_2)\sin \alpha_n$$

② 确定齿厚上、下偏差及其代号

· 齿厚上偏差 E_{SS}

$$E_{SS} = -\left(f_a \tan \alpha_n + \frac{j_{n\min} + K}{2\cos \alpha_n}\right)$$

计算出的 E_{SS}，应除以 f_{pt}，依据代号，相应确定 E_{SS} 的值。齿厚偏差代号如图 10-16 所示。

· 齿厚下偏差 E_{SI}

$$E_{SI} = E_{SS} - T_s$$

而 $T_s = 2\tan\alpha_n \sqrt{F_r^2 + b_r^2}$

所以：$ESI = ESS - T_s$

计算出的 ESI，应除以 f_{pt}，依靠代号，相应确定 ESI 的值。

10.4.3　其他技术要求

　　① 齿坯精度齿轮在加工、检验、装配时，径向基准面和轴向辅助基准面应尽量一致，通常采用齿坯内孔（顶圆）和端面为基准，其精度对齿轮的加工质量、使用性能有较大影响。

　　② 齿轮表面粗糙度。

　　③ 箱体精度参考中心距偏差。

10.4.4　齿轮精度的标注

齿轮精度的标注示例如下：

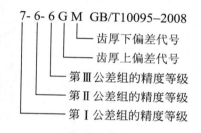

7-6-6 G M　GB/T10095–2008
- 齿厚下偏差代号
- 齿厚上偏差代号
- 第Ⅲ公差组的精度等级
- 第Ⅱ公差组的精度等级
- 第Ⅰ公差组的精度等级

7　F L　GB/T10095–2008
- 第Ⅰ、Ⅱ、Ⅲ公差组精度等级

$4\left({}^{-0.330}_{-0.495}\right)$　GB/T10095–2008
- 有特殊要求时，可用数字标出齿厚上下偏差

10.4.5　齿轮零件图的标注

齿轮零件标注如图 10-17 所示。

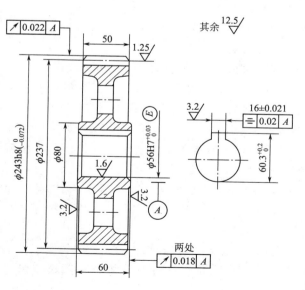

模数	m	3
齿数	z	79
齿形角	α	20°
变位系数	x	0
精度等级		8-8-7 FH GB/T10095—2008
齿圈径向跳动公差	F_r	0.063
公法线长度变动公差	F_w	0.05
齿形公差	f_f	0.018
基节极限偏差	$\pm f_{pb}$	±0.02
齿向公差	F_β	0.016
跨齿数	k	9
公法线平均长度及极限偏差	$W^{E_{wms}}_{E_{wmi}}$	$78.958^{-0.098}_{-0.150}$
齿轮副中心距及极限偏差	$a \pm f_a$	148.5±0.031
配对齿轮	图号	
	齿数	20

技术要求
1. 热处理40～50HRC
2. 未注倒角和未注公差的尺寸按GB/T1804-m
3. 去毛刺
4. 公差原则按GB/T4229
5. 未注形位公差按GB/T1184-k

标题栏

图 10-17　齿轮零件标注

本章小结

本章主要介绍了齿轮传动的使用要求与加工误差，齿轮的精度指标，齿轮配合，齿轮安装精度，齿轮精度标准及其应用，齿坯精度以及渐开线圆柱齿轮主要精度指标的测量仪器及测量方法。通过对齿轮传动的使用要求、齿轮的主要加工误差和齿轮标准及应用等内容的学习，要求了解圆柱齿轮传动互换性必须满足的 4 项基本使用要求；通过分析各种加工误差对齿轮传动使用要求的影响，理解渐开线圆柱齿轮精度标准所规定公差项目的含义和作用，学会选用圆柱齿轮精度等级和精度项目，以及确定常用齿轮副的侧隙和齿厚极限偏差；掌握齿轮技术要求在图样上的标注，掌握齿轮的测量方法及齿轮合格的条件。

介绍了齿轮的使用要求、齿轮和齿轮副的评定指标、渐开线圆柱齿轮精度标准及齿轮检验，应当掌握齿轮精度设计方法和检验方面的知识。

 思考题与练习

10-1　对齿轮传动有哪些使用要求？

10-2　齿轮轮齿同侧齿面的精度检验项目有哪些？它们对齿轮传动主要有何影响？

10-3　切向综合偏差有什么特点和作用？

10-4　径向综合偏差（或径向圆跳动）与切向综合偏差有何区别？用在什么场合？

10-5　齿轮精度等级的选择主要有哪些方法？

10-6　如何考虑齿轮的检验项目？单个齿轮有哪些必检项目？

10-7　齿轮副的精度项目有哪些？

10-8　齿轮副侧隙的确定主要有哪些方法？齿厚极限偏差如何确定？

10-9　对齿轮坯有哪些精度要求？

10-10　某通用减速器有一带孔的直齿圆柱齿轮，已知：模数 $m_n=3mm$，齿数 $z=32$，中心距 $a=288mm$，孔径 $D=40mm$，齿形角 $\alpha=20°$，齿宽 $b=20mm$，其传递的最大功率 $P=7.5kW$，转速 $n=1280 r/min$，齿轮的材料为 45 钢，其线胀系数 $\alpha_1=11.5×10^{-6}℃^{-1}$；减速器箱体的材料为铸铁，其线胀系数 $\alpha_2=10.5×10^{-6}℃^{-1}$；齿轮的工作温度 $t_1=60℃$，减速器箱体的工作温度 $t_2=40℃$，该减速器为小批量生产。试确定齿轮的精度等级、有关侧隙的指标、齿坯公差和表面粗糙度。

10-11　已知直齿圆柱齿轮副，模数 $m_n=5mm$，齿形角 $\alpha=20°$，齿数 $z_1=20$，$z_2=100$，内孔 $d_1=25mm$，$d_2=80mm$，图样标注为 6 GB/T 10095.1—2008 和 6 GB/T 10095.2—2008。

① 试确定两齿轮 f_{pt}、F_p、F_a、F_β、F_i''、f_i''、F_r 的允许值。

② 试确定两齿轮内孔和齿顶圆的尺寸公差、齿顶圆的径向圆跳动公差以及端面跳动公差。

附　录

新旧国家标准对照表

新　标　准		代替的旧标准
代　号	名　称	代　号
GB/T 321—2005	优先数和优先数系	GB/T 321—1980
GB/T1800.1—2009	产品几何技术规范（GPS）极限与配合　第1部分：公差、偏差和配合的基础	GB/T 1800.1—1997 GB/T 1800.2—1998 GB/T 1800.3—1998
GB/T1800.2—2009	产品几何技术规范（GPS）极限与配合　第2部分：标准公差等级和孔、轴极限偏差表	GB/T 1800.4—1999
GB/T1801—2009	产品几何技术规范（GPS）极限与配合　公差带和配合的选择	GB/T 1801—1999
GB/T1803—2003	极限与配合　尺寸至18mm孔、轴公差带	GB/T 1803—1979
GB/T1804—2000	一般公差　未注公差的线性和角度尺寸的公差	GB/T 1804—1992 GB 11335—1989
GB/T 6093—2001	几何量技术规范（GPS）长度标准　量块	GB/T 6093—1985
GB/T1182—2008	产品几何技术规范（GPS）几何公差　形状、方向、位置和跳动公差标注	GB/T 1182—1996
GB/T 18780.1—2002	产品几何量技术规范（GPS）几何要素　第1部分：基本术语和定义	
GB/T 1184—1996	形状和位置公差　未注公差值	GB/T 1184—1980
GB/T 16671—2009	产品几何技术规范（GPS）几何公差　最大实体要求、最小实体要求和可逆要求	GB/T16671—1996
GB/T 4249—2009	产品几何技术规范（GPS）公差原则	GB/T 4249—1996
GB/T 17773—1999	形状和位置公差　延伸公差带及其表示法	
GB/T1958—2004	产品几何量技术规范（GPS）形状和位置公差　检测规定	GB/T 1958—1980
GB/T 1031—2009	产品几何技术规范（GPS）表面结构　轮廓法　粗糙度参数及其数值	GB/T 1031—1995
GB/T 131—2006	产品几何技术规范（GPS）技术产品文件中表面结构的表示法	GB/T 131—1993

新　标　准		代替的旧标准
代　号	名　称	代　号
GB/T 3505—2009	产品几何技术规范（GPS）表面结构　轮廓法　术语、定义及表面结构参数	GB/T 3505—2000
GB/T10610—2009	产品几何技术规范（GPS）表面结构　轮廓法　评定表面结构的规则和方法	GB/T 10610—1998
GB/T1957—2006	光滑极限量规技术条件	GB/T 1957—1981
GB/T10920—2008	螺纹量规和光滑极限量规　型式与尺寸	GB/T 6322—1986 GB/T10920—2003 GB/T 8125—2004
GB/T 3177—2009	产品几何技术规范（GPS）光滑工件尺寸的检验	GB/T 3177—1997
GB/T 275—1993	滚动轴承与轴和外壳的配合	GB/T 275—1984
GB/T 307.1—2005	滚动轴承　向心轴承　公差	GB/T 307.1—1994
GB/T 307.2—2005	滚动轴承　测量和检验的原则及方法	GB/T 307.2—1995
GB/T 307.3—2005	滚动轴承　通用技术规则	GB/T 307.3—1996
GB/T307.4—2012	滚动轴承　公差　第4部分推力轴承	GB/T 307.4—2002
GB/T 157—2001	产品几何量技术规范（GPS）圆锥的锥度与锥角系列	GB/T 157—1989
GB/T 4096—2001	产品几何量技术规范（GPS）棱体的角度与斜度系列	GB/T 4096—1983
GB/T 11334—2005	产品几何量技术规范（GPS）圆锥公差	GB/T 11334—1989
GB/T 12360—2005	产品几何量技术规范（GPS）圆锥配合	GB/T 12360—1990
GB/T 5847—2004	尺寸链　计算方法	GB/T 5847—1986
GB/T14791—1993	螺纹术语	GB/T 2515—1981
GB/T 9144—2003	普通螺纹　优选系列	GB/T 9144—1988
GB/T9145—2003	普通螺纹　中等精度、优选系列的极限尺寸	GB/T 9145—1988
GB/T 9146—2003	普通螺纹　粗糙精度、优选系列的极限尺寸	GB/T 9146—1988
GB/T192—2003	普通螺纹　基本牙型	GB/T 192—1981
GB/T196—2003	普通螺纹　基本尺寸	GB/T 196—1981
GB/T197—2003	普通螺纹　公差	GB/T 197—1981
GB/T1095—2003	平键　键槽的剖面尺寸	GB/T 1095—1990 GB/T 1100—1972
GB/T 1096—2003	普通型　平键	GB/T 1096—1990
GB/T 1097—2003	导向型　平键	GB/T 1097—1990
GB/T 1144—2001	矩形花键尺寸、公差和检验	GB/T 1144—1987
GB/T 10095.1—2008	圆柱齿轮　精度制　第1部分：轮齿同侧齿面偏差的定义和允许值	GB/T 10095.1—2001
GB/T 10095.2—2008	圆柱齿轮　精度制　第2部分：径向综合偏差与径向跳动的定义和允许值	GB/T 10095.2—2001

新　标　准		代替的旧标准
代　号	名　称	代　号
GB/Z 18620.1—2008	圆柱齿轮　检验实施规范　第1部分：轮齿同侧齿面的检验	GB/Z 18620.1—2002
GB/Z 18620.2—2008	圆柱齿轮　检验实施规范　第2部分：径向综合偏差、径向跳动、齿厚和侧隙的检验	GB/Z 18620.2—2002
GB/Z 18620.3—2008	圆柱齿轮　检验实施规范　第3部分：齿轮坯、轴中心距和轴线平行度的检验	GB/Z 18620.3—2002
GB/Z 18620.4—2008	圆柱齿轮检验实施规范　第4部分：表面结构和轮齿接触斑点的检验	GB/Z 18620.4—2002

参考文献

[1] 刘巽尔主编. 形状与位置公差原理与应用. 北京: 机械工业出版社, 1999.

[2] 韩进宏, 王长春主编. 互换性与测量技术基础. 北京: 中国林业出版社, 2006.

[3] 袁正有, 宫波主编. 公差配合与测量技术. 大连: 大连理工大学出版社, 2004.

[4] 陈于萍, 周兆元. 互换性与测量技术基础 [M]（第2版）. 北京: 机械工业出版社, 2006.

[5] 杨沿平. 机械精度设计与检测技术基础 [M]. 北京: 机械工业出版社, 2004.

[6] 刘品, 陈军主编. 机械精度设计与检测基础（第7版） 哈尔滨: 哈尔滨工业大学出版社 2010.

[7] 胡风兰主编. 互换性与测量技术基础. 北京: 高等教育出版社, 2009.

[8] 甘永立. 几何量公差与检测 [M]（第9版）. 上海: 上海科学技术出版社, 2010.

[9] 李柱. 互换性与技术测量 [M]. 北京: 高等教育出版社, 2004.

[10] 何贡. 互换性与测量技术 [M]. 北京: 中国计量出版社, 2005.

[11] 陈舒拉主编. 公差配合与测量技术习题册. 北京: 机械工业出版社, 2003

[12] 袁正有, 宫波. 公差配合与测量技术 [M]. 大连: 大连理工大学出版社, 2004.

[13] 邓英剑, 杨冬生. 公差配合与测量技术 [M]. 北京: 国防工业出版社, 2007.

[14] 甘永立, 吕林森. 新编公差原则与几何精度设计 [M]. 北京: 国防工业出版社, 2007.

[15] 杨好学, 蔡霞. 公差与技术测量 [M]. 北京: 国防工业出版社, 2009.

[16] 王伯平. 互换性与测量技术基础 [M]. 北京: 机械工业出版社, 2000.

[17] 董燕. 公差配合与测量技术 [M]. 北京: 中国人民大学出版社, 2008.

[18] 赵美卿, 王凤娟. 公差配合与技术测量 [M]. 北京: 冶金工业出版社, 2008.

[19] 苟向锋. 几何精度控制技术 [M]. 北京: 中国铁道出版社, 2008.

[20] 付风岚, 丁国平, 刘宁. 公差与检测技术实践教程 [M]. 北京: 科学出版社, 2006.